电力系统运行理论与应用实践

孙美玲　喻文浩　张彩婷　著

吉林科学技术出版社

图书在版编目（CIP）数据

电力系统运行理论与应用实践 / 孙美玲，喻文浩，张彩婷著. -- 长春：吉林科学技术出版社，2022.4
ISBN 978-7-5578-9274-6

Ⅰ. ①电… Ⅱ. ①孙… ②喻… ③张… Ⅲ. ①电力系统运行 Ⅳ. ① TM732

中国版本图书馆 CIP 数据核字 (2022) 第 072683 号

电力系统运行理论与应用实践

著　孙美玲　喻文浩　张彩婷
出 版 人　宛　霞
责任编辑　王明玲
封面设计　刘梦杳
制　　版　刘梦杳
幅面尺寸　170mm × 240mm　1/16
字　　数　245 千字
页　　数　232
印　　张　14.5
印　　数　1-1500 册
版　　次　2022 年 4 月第 1 版
印　　次　2022 年 4 月第 1 次印刷

出　　版　吉林科学技术出版社
发　　行　吉林科学技术出版社
地　　址　长春市净月区福祉大路 5788 号
邮　　编　130118
发行部电话 / 传真　0431-81629529　81629530　81629531
　　81629532　81629533　81629534
储运部电话　0431-86059116
编辑部电话　0431-81629518
印　　刷　廊坊市印艺阁数字科技有限公司

书　　号　ISBN 978-7-5578-9274-6
定　　价　69.00 元

前言

Preface

随着国民经济快速稳定增长，电力系统面临前所未有的发展机遇，大机组电厂和超高压乃至特高压电网的不断建设，使得电力系统间的联系越来越紧密、容量也越来越大。为了尽力反映电力系统的技术进步和大机组、超高压以及特高压电网的特点，满足本专业从业者及相关人员的相关需求，本书特对此内容进行了相关介绍。

随着电气控制新元件、新器件的不断涌现和计算机控制技术的发展，生产设备的控制策略、控制方法、控制手段日新月异，越来越多地采用了可编程序控制器(PLC)、数字控制等先进的控制技术。但由于传统的继电－接触器控制系统结构简单，价格便宜，并为广大的工程技术人员所熟悉，加上新型电器元件的采用，提高了其系统的可靠性，因而目前仍然还在大量使用。传统与现代并存的局面还会长期存在。鉴于此，本书立足工程实际，从应用的角度出发，力图对电气自动控制技术做较全面的阐述。

本书首先介绍了电力系统与电气工程的基本知识；然后详细阐述了电力系统分析、调度、运行，电气自动控制系统等内容，以适应电力系统运行理论与应用实践的发展现状和趋势。

由于作者水平有限，书中难免存在一些缺点和错误，恳请广大读者提出宝贵意见。

目录

Contents

第一章　电力系统概述

第一节　电力系统基本知识

一、概述

电力系统由发电厂、送变电线路、供配电所和用电等环节组成的电能生产与消费系统。它的功能是将自然界的一次能源通过发电动力装置转化成电能，再经输电、变电和配电将电能供应到各用户。为实现这一功能，电力系统在各个环节和不同层次还具有相应的信息与控制系统，对电能的生产过程进行测量、调节、控制、保护、通信和调度，以保证用户获得安全、优质的电能。

电力系统是由发电、变电、输电、配电和用电等环节组成的电能生产与消费系统。它的功能是将自然界的一次能源通过发电动力装置（主要包括锅炉、汽轮机、发电机及电厂辅助生产系统等）转化成电能，再经输、变电系统及配电系统将电能供应到各负荷中心，通过各种设备再转换成动力、热、光等不同形式的能量，为地区经济和人民生活服务。由于电源点与负荷中心多数处于不同地区，也无法大量储存，故其生产、输送、分配和消费都在同一时间内完成，并在同一地域内有机地组成一个整体，电能生产必须时刻保持与消费平衡。因此，电能的集中开发与分散使用，以及电能的连续供应与负荷的随机变化，就制约了电力系统的结构和运行。据此，电力系统要实现其功能，就需在各个环节和不同层次设置相应的信息与控制系统，以便对电能的生产和输运过程进行测量、调节、控制、保护、通信和调度，确保用户获得安全、经济、优质的电能。

建立结构合理的大型电力系统不仅便于电能生产与消费的集中管理、统一调度和分配，减少总装机容量，节省动力设施投资，且有利于地区能源资源的合理开发利用，更大限度地满足地区国民经济日益增长的用电需要。电力系统建设往往是国家及地区国民经济发展规划的重要组成部分。

电力系统的出现，使高效、无污染、使用方便、易于控制的电能得到广泛应用，从而推动了社会生产各个领域的变化，开创了电力时代，发生了第二次技术革命。电力系统的规模和技术高低已成为一个国家经济发展水平的标志之一。

二、电力系统的构成

电力系统的主体结构有电源、电力网络和负荷中心。电源指各类发电厂、站，将一次能源转换成电能；电力网络由电源的升压变电所、输电线路、负荷中心变电所、配电线路等构成。它的功能是将电源发出的电能升压到一定等级后输送到负荷中心变电所，再降压至一定等级后，经配电线路与用户相连。电力系统中千百个网络结点交织密布，有功潮流、无功潮流、高次谐波、负序电流等以光速在全系统范围传播。它既能输送大量电能，创造巨大财富，也能在瞬间造成重大的灾难性事故。为保证系统安全、稳定、经济地运行，必须在不同层次上依不同要求配置各类自动控制装置与通信系统，组成信息与控制子系统。它成为实现电力系统信息传递的神经网络，使电力系统具有可观测性与可控性，从而保证电能生产与消费过程的正常进行以及事故状态下的紧急处理。

根据电力系统中装机容量与用电负荷的大小，以及电源点与负荷中心的相对位置，电力系统常采用不同电压等级输电（如高压输电或超高压输电），以求得最佳的技术经济效益。根据电流的特征，电力系统的输电方式还分为交流输电和直流输电。交流输电应用最广。直流输电是将交流发电机发出的电能经过整流后采用直流电传输。

由于自然资源分布与经济发展水平等条件限制，电源点与负荷中心多处于不同地区。由于电能目前还无法大量储存，输电过程本质上又是以光速进行，电能生产必须时刻保持与消费平衡。因此，电能的集中开发与分散使用，以及电能的连续供应与负荷的随机变化，就成为制约电力系统结构和运行的根本特点。

系统的运行指组成系统的所有环节都处于执行其功能的状态。系统运行中，由于电力负荷的随机变化以及外界的各种干扰（如雷击等）会影响电力系统的稳定，导致系统电压与频率的波动，从而影响系统电能的质量，严重时会造成电压崩溃或频率崩溃。系统运行分为正常运行状态与异常运行状态。其中，正常状态又分为安全状态和警戒状态；异常状态又分为紧急状态和恢复状态。电力系统运行包括了所有这些状态及其相互间的转移。各种运行状态之间的转移需通过不同控制手段来实现。

电力系统在保证电能质量、实现安全可靠供电的前提下，还应实现经济运行，即努力调整负荷曲线，提高设备利用率，合理利用各种动力资源，降低燃料消耗、电厂用电和电力网络的损耗，以取得最佳经济效益。

在输送电能的过程中，为了满足不同用户对供电经济性和可靠性的要求，也为了满足远距离输电的需要，常需要采用多种电压等级输送电能。将发电厂中的发电机、升压和降压变电所、输电线路及电力用户组成的电气上相互连接的整体，称为电力系统。它包括发电、输电、配电和用电的全过程。由于电力系统的设备大都是三相的，参数也是对称的，所以一般将三相电力系统用单线图表示。电力系统中用于电能输送和分配的部分，即不同电压等级的升压和降压变电所、不同电压等级的输电线路，被称为电力网。发电厂的动力部分，即火电厂的锅炉和汽轮机、水电厂的水轮机、核电厂的反应堆和汽轮机等，与电力系统组成的一个整体称为动力系统。

变电所分为枢纽变电所、中间变电所、地区变电所和终端变电所。枢纽变电所一般都处于电力系统各部分的中枢位置，容量很大，地位重要，连接电力系统高压和中压的几个部分，汇集多个电源，电压等级为330kV及以上；中间变电所处于发电厂和负荷的中间，此处可以转送或抽出部分负荷，高压侧电压220 ~ 330kV；地区变电所是一个地区和城市的主要变电所，负责给地区用户供电，高压侧电压110 ~ 220kV；终端变电所一般都是降压变电所，高压侧电压为35 ~ 110kV，只供应局部地区的负荷，不承担转送负荷功率的任务。

电力网按电压等级和供电范围可分为地方电力网、区域电力网和高压输电网。35kV及以下、输电距离几十公里以内、多给地方负荷供电的，称为地方电力网，又称为配电网，主要任务是向终端用户配送满足一定电能质量要求和供电可靠性要求的电能；电压为110 ~ 220kV，多给区域性变电所负荷供电的，称为区域电力网；330kV 及以上的远距离输电线路组成的电力网称为高压输电网。区域电力网和高压输电网统称为输电网，主要任务是将大量的电能从发电厂远距离传输到负荷中心，并保证系统安全、稳定和经济地运行。

三、电力系统的基本状态

（一）电力系统的定义

电力系统是电能生产、变换、输送、分配和使用的各种电力设备按照一定的技术与经济要求有机组成的一个联合系统。

（二）电力系统的一次设备

一般将电能直接通过的设备称为电力系统的一次设备，如发电机、变压器、断路器、母线、输电线路、补偿电容器、电动机及其他用电设备等。

（三）电力系统的二次设备

对一次设备的运行状态进行监视、测量、控制和保护的设备称为电力系统的二次设备，电能的生产量应每时每刻与电能的消费量保持平衡，并满足质量的要求。

（四）电力系统发展现状

由于一年内夏、冬季的负荷较春、秋季的大，一星期内工作日的负荷较休息日的大，一天内的负荷也有高峰和低谷之分，电力系统中的某些设备，随时都有因绝缘材料的老化、制造中的缺陷、自然灾害等原因出现故障而退出运行。为满足时刻变化的负荷用电需求和电力设备安全运行的要求，致使电力系统的运行状态随时都在变化。

四、电力系统研究开发与规划设计

（一）电力系统的研究开发

电力系统的发展是研究开发与生产实践相互推动、密切结合的过程，是电工理论、电工技术以及有关科学技术和材料、工艺、制造等共同进步的集中反映。

电力系统的研究与开发，还在不同程度上直接或间接地对于信息、控制和系统理论以及计算技术起着推动作用。反过来，这些科学技术的进步又推动着电力系统现代化水平的日益提高。

在电力系统的主体结构方面，燃料、动力、发电、输变电、负荷等各个环节的研究开发，大大提高了电力系统的整体功能。高电压技术的进步，各种超高压输变电设备的研制成功，电晕放电与长间隙放电特性的研究等，为实现超高压输电奠定了基础。新型超高压、大容量断路器以及气体绝缘全封闭式组合电器，其额定切断电流已达 100KA，全开断时间由早期的数十个工频周波缩短到 1 ~ 2 个周波，大大提高了对电网的控制能力，并且降低了过电压水平。依靠电力电子技术的进步实现了超高压直流输电。由电力电子器件组成的各种动力负荷，为节约用电提供了新的技术装备。

超导电技术的成就展示了电力系统的新前景。30 万千瓦超导发电机已经投入试运行，并且还在继续研制容量为百万千瓦级的超导发电机。超导材料性能的提高会使超导输电成为可能。利用超导线圈可研制超导储能装置。动力蓄电池和燃料电池等新型电源设备均已有千瓦级的产品处于试运行阶段，并正逐步进入工业应用，这些研究课题有可能实现电能储存和建立分散、独立的电源，从而引起电力系统的重大变革。

在各工业部门中，电力系统是规模最大、层次很复杂、实时性要求严格的实体系统。无论是系统规划和基本建设，还是系统运行和经营管理，都为系统工程、信息与控制的理论和技术的应用开拓了广阔的天地，并促进了这些理论、技术的发展。

（二）电力系统的规划设计

电能是二次能源。电力系统的发展既要考虑一次能源的资源条件，又要考虑电能需求的状况和有关的物质技术装备等条件，以及与之相关的经济条件和指标。在社会总能源的消耗中，电能所占比例始终呈增长趋势。信息化社会的发展更增加了对电能的依赖程度。电能供应不足或供电不可靠都会影响国民经济的发展，甚至造成严重的经济损失；发电和输、配电能力过剩又意味着电力投资效益降低，从而影响发电成本。因此，必须进行电力系统的全面规划，以提高发展电力系统的预见性和科学性。

制订电力系统规划首先必须依据国民经济发展的趋势（或计划），做好电力负荷预测及一次能源开发布局，然后再综合考虑可靠性与经济性的要求，分别做出电源发展规划、电力网络规划和配电规划。

在电力系统规划中，需综合考虑可靠性与经济性，以实现投资平衡。对电源设备，可靠性指标主要是考虑设备受迫停运率、水电站枯水情况下电力不足概率和电能不足期望值；对输、变电设备，可靠性指标主要是平均停电频率、停电规模和平均停电持续时间。大容量机组的单位容量造价较低，电网互联可减少总的备用容量。这些都是提高电力系统经济性需首先考虑的问题。

电力系统是一个庞大而复杂的大系统，它的规划问题还需要在时间上展开，从多种可行方案中进行优选。这是一个多约束条件的具有整数变量的非线性问题，远非人工计算所能及。

大型电力系统是现代社会物质生产部门中空间跨度最大、时间协调要求严格、层次分工非常复杂的实体系统。它不仅耗资大，费时长，而且对国民经济的影响极大。所以制订电力系统规划必须注意其科学性、预见性。要根据历史数据和规划期间的电力负荷增长趋势做好电力负荷预测。在此基础上按照能源布局制订好电源规划、电网规划、网络互联规划、配电规划等。电力系统的规划问题需要在时间上展开，从多种可行方案中进行优选。这是一个多约束条件的具有整数变量的非线性问题，需利用系统工程的方法和先进的计算技术。

智能电力系统关键技术可划分以下三个层次。

第一个层次：系统一次新技术和智能发电、用电基础技术，包括可再生能源发电技术、特高压技术、智能输配电设备、大容量储能、电动汽车和智能用电技术与产品等。

第二个层次：系统二次新技术，包括先进的传感、测量、通信技术，保护和自动化技术等。

第三个层次：电力系统调度、控制与管理技术，包括先进的信息采集处理技术、先进的系统控制技术、适应电力市场和双向互动的新型系统运行与管理技术等。

智能电力系统发展的最高形式是具有多指标、自趋优运行的能力，也是智能电力系统的远景目标。

多指标就是指表征智能电力系统安全、清洁、经济、高效、兼容、自愈、互动等特征的指标体现。

自趋优是指在合理规划与建设的基础上，依托完善统一的基础设施和先进的传感、信息、控制等技术，通过全面的自我监测和信息共享，实现自我状态的准确认知，并通过智能分析形成决策和综合调控，使得电力系统状态自动自主趋向多指标最优。

电源规划也是电力系统规划的重要环节。主要是根据各种发电方式的特性和资源条件，决定增加何种形式的电站（水电、火电、核电等），以及发电机组的容量与台数。承担基荷为主的电站，因其利用率较高，宜选用适合长期运行的高效率机组，如核电机组和大容量、高参数火电机组等，以降低燃料费用。承担峰荷为主的电站，因其年利用率低，宜选用启动时间短、能适应负荷变化而投资较低的机组，如燃气轮机组等。至于水电机组，在丰水期应尽量满发，承担系统基荷；在枯水期因水量有限而带峰荷。

由于水电机组的造价仅占水电站总投资的一小部分，近年来多倾向于在水电站中适当增加超过保证出力的装机容量（加大装机容量的逾量），以避免弃水或减少弃水。对有条件的水电站，世界各国均致力发展抽水蓄能机组，即系统低谷负荷时，利用火电厂的多余电能进行抽水蓄能；当系统高峰负荷时，再利用抽蓄的水能发电。尽管抽水—蓄能—发电的总效率仅 2/3，但从总体考虑，安装抽水蓄能机组比建造调峰机组要经济，尤其对调峰容量不足的系统更是如此。电网规划在已确定的电源点和负荷点的前提下，合理选择输电电压等级，确定网络结构及输电线路的输送容量，然后对系统的稳定性、可靠性和无功平衡等进行校核。

五、电力系统供电质量的提高

电能是国民经济和人民生活极为重要的能源，它作为电力部门向用户提供的由发电、供电、用电三个方面共同保证质量的特殊商品，其质量的好坏越来越受到关注。电能质量的技术治理与控制是改善电能质量的有效方法，也是优质供用电的必要条件，但电能质量具有动态性、相关性、传播性、复杂性等特点，对电能质量的控制和提高并不是一件轻而易举的事。为确保电能质量的有效控制，本文从电能质量的全面质量管理的技术角度对提高电能质量的方法进行了分析与探讨，努力满足电能质量的设计要求和目标，并和同行分享。

（一）电能质量控制分析概述

1. 电能质量的衡量指标

围绕电能质量的含义，电能质量的衡量指标通常包括如下几个方面：

（1）电压质量。指实际电压与理想电压的偏差，反映供电企业向用户供应的电能是否合格。这里的偏差应是广义的，包含了幅值、波形和相位等。这个定义包括了大多数电能质量问题，但不包括频率造成的电能质量问题，也不包括用电设备对电网电能质量的影响和污染。

（2）电流质量。反映了与电压质量有密切关系的电流的变化，电力用户除对交流电源有恒定频率、正弦波形的要求外，还要求电流波形与电压同相位以保证高功率因数运行。这个定义有助于电网电能质量的改善，并降低线损，但不能概括大多数因电压原因造成的质量问题。

其他的指标还有供电质量、用电质量等，这些指标共同反映了电力系统生产传输的电能的质量，并可以依据这些指标对电能进行管理。

2. 电能质量的影响因素

（1）电力负荷构成的变化。目前，电力系统中存在大量非线性负荷：大规模电力电子应用装置（节能装置、变频设备等），大功率的电力拖动设备、直流输出装置、电化工业设备（化工、冶金企业的整流）、电气化铁路、炼钢电弧炉（交、直流）、轧机、提升机、电石机、感应加热炉及其他非线性负荷。

（2）大量谐波注入电网。含有非线性、冲击性负荷的新型电力设备在实现功率控制和处理的同时，都不可避免地产生非正弦波形电流，向电网注入谐波电流，使公共连接点（PCC）的电压波形严重畸变，负荷波动性和冲击性导致电压波动、瞬时脉冲等各种电能质量干扰。

（3）电力设备及装置的自动保护和正常运行。大型电力设备的启动和停运、自动开关的跳闸及重合等对电能质量的影响，使额定电压暂时降低、产生电压波动与闪变，对电能质量也会产生影响。

（二）提高电能质量的方法探讨

1. 中枢调压

电力系统电压调整的主要目的是采取各种调压手段和方法，在各种不同运行方式下，使用户的电压偏差符合国家标准。但由于电力系统结构复杂、负荷众多，对每个用电设备的电压都进行监视和调整，既不可能也无必要。

电力系统电压的监视和调整可以通过对中枢点电压的监视和调整来实现。所谓中枢点是指电力系统可以反映系统电压水平的主要发电厂和变电站的母线，很多负荷都由这些母线供电。若控制了这些中枢点的电压偏差，也就控制了系统中大部分负荷的电压偏差。

除了对中枢点进行调压，还可以进行发电机调压、调压器调压等，实现电力系统电压的稳定，从而提高电能质量。

2. 谐波的抑制

解决电能谐波的污染和干扰，从技术上实现对谐波的抑制，从工程现场的实际来看，已经有很多行之有效的解决方法，概括起来主要可以采取的放入方法有增加换流装置的相数、无源滤波法和有源滤波法。

防止谐波电流危害的方法：一是被动的防御，即在已经产生谐波电流的情况下，采用传统的无源滤波的方法，由一组无源元件——电容、电抗器和电阻组成的调谐滤波装置，减轻谐波对电气设备的危害；二是主动的预防谐波电流的产生，即有源滤波法，其基本原理是利用关断电力电子器件产生与负荷电流中谐波电流分量大小相等、相位相反的电流来消除谐波。

六、电力系统的防雷和保护装置

（一）电力系统的防雷

供电部门的防雷工作是极其艰巨的，设备一旦损坏就有可能导致整个电力系统瘫痪，造成无法挽回的损失。因此，在变电站设计的过程中，要重视变电站设备的安全稳定，确保供电的可靠性。下面就主要分析一些国内电网架空线路以及变电站的主要防雷措施——高压防雷。

电力装置通过裸导线架空线路的方式进行电力传输，而架空线路一般设置在离地面 6 ~ 18m 的空间范围内，这时雷电入侵波产生的雷电过电压会导致线路或者设备绝缘被击穿，进而遭到破坏。利用高压防雷技术，通过给线路或者设备人为地制造绝缘薄弱点即间隙装置，间隙的击穿电压比线路或者设备的雷电冲击绝缘水平低，在正常运行电压下间隙处于隔离绝缘状态，当雷电发生时，强大的过电压使间隙击穿，从而产生接地保护，起到保护线路或设备绝缘的作用。

1. 间隙保护技术

间隙保护就是变压器中性点间隙接地保护装置。线路大体的两极由角形棒组成，一极固定在绝缘件上连接带电导线，另一极直接接地，间隙击穿后电弧在角形棒间上升拉长，当电弧电流变小时可以自行熄弧，间隙保护技术的优点是结构简单，运行维护量小，而缺点则是当电弧电流大到几十安以上时就没法自行熄弧，保护特性一般，而且间隙动作会产生截波，对变压器本身的绝缘也不利。

2. 避雷器保护技术

避雷器是一种雷电流的泄放通道，也是一种等电位连接体，在线路上并联对地安装，正常运行下处于高阻抗状态。当雷电发生时，避雷器将雷电电流迅速泄入大地，同时使大地、设备、线路处在等电位上，从而保护设备免遭强电势差的损害。避雷器技术当然也存在很多缺点，由于避雷器的选用受安装地点的限制，其受到雷击或者雷击感应的能量相当大，靠单一的避雷器件很难将雷电流全部导入大地而自身不会损坏。另外，间隙保护和避雷器技术都是靠间隙击穿接地放电降压来起到保护的作用，这两种防雷技术往往会造成接地故障或者相间短路故障，所以不能起到科学合理的保护作用。

（二）电力系统的保护装置

电力系统微机保护装置机是由高集成度、总线不出芯片的单片机、高精度电流电压互感器、高绝缘强度出口中间继电器、高可靠开关电源模块等部件组成。微机保护装置主要作为 110KV 及以下电压等级的发电厂、变电站、配电站等，也可作为部分 70 ~ 220V 之间电压等级中系统的电压电流的保护及测控。

电力系统微机保护装置的数字核心一般由 CPU、存储器、定时器 / 计数器、Watchdog 等组成。目前，数字核心的主流为嵌入式微控制器（MCU），即通常所说的单片机；输入输出通道包括模拟量输入通道和数字量输入输出通道。

第二节　电力系统运行应满足的基本要求

一、电力系统运行的特点

（1）电能的生产和使用同时完成。

（2）正常输电过程和故障过程都非常迅速。电力系统的各种暂态过程非常短促，当电力系统受到扰动后，由一种状态过渡到另一种运行状态的时间非常短。由于电力系统存在大量电感、电容元件（包括导体和设备的等值电感和电容），当运行状态发生变化或故障时会产生过渡过程。电能是以光速传输的，过渡过程将按该速度迅速波及系统的其他部分。因此设备正常运行的调整和切换操作，以及故障的切除，必须采取自动装置迅速而准确地完成。

（3）具有较强的地区性特点。

（4）电能与国民经济各个部分之间的关系都很密切，是国民经济各部门的主要动力。随着科技的进步和人民生活水平的逐步提高，生活电器的种类不断增多，生活用电量也日益增加。电能的供应不足或突发故障都将给国民经济各部门造成巨大损失，给人民生活带来极大的不便。

（5）电能不能大量储存。即电能的生产、输送、分配及消费几乎是同时进行的，在任一时刻，发电机发出的电能等于负荷消费的电能（在发电机容量允许范围内），虽然蓄电池和电容器等储能元件能够储存少量电能，但对于整个电力系统的能量来说是微不足道的。可以说电能的生产、输送、分配及使用是同时完成的，即发电厂在任何时刻生产的电能恰好等于该时刻用户消耗的电能和输送、分配过程损耗的能量之和。任何一个环节出现故障，都将影响整个电力系统的正常运行。

二、电力系统运行的基本要求

电力系统的运行对电能质量（电压和频率）的要求十分严格，偏离规定值过多时，将导致产生废品，损坏设备，甚至出现从局部范围到大面积停电。因此，电力系统的运行必须安全可靠。对电力系统运行的基本要求可以简单地概括为“安全、可靠、优质、经济”。

（一）保证供电的安全可靠性

保证供电的安全可靠性是对电力系统运行的基本要求。为此，电力系统的各个部门应加强现代化管理，提高设备的运行和维护质量。应当指出，目前要绝对防止事故的发生是不可能的，而各种用户对供电可靠性的要求也不一样。因此，应根据电力用户的重要性不同，区别对待，以便在事故情况下把事故造成国民经济的损失限制到最小。

通常，可将电力用户分为以下三类：

（1）一类用户。指由于中断供电会造成人身伤亡或在政治、经济上给用户通常应设置两路以上相互独立的电源供电，其中一路电源给国家造成重大损失的用户。一类用户要求有很高的供电可靠性。对容量均应保证在此电源单独供电的情况下就能满足用户的用电要求。确保当任一路电源发生故障或检修时，都不会中断对用户的供电。

（2）二类用户。指由于中断供电会在政治、经济上造成较大损失的用户。对二类用户应设专用供电线路，条件许可时也可采用双回路供电，并在电力供应出现不足时优先保证其电力供应。

（3）三类用户。一般指短时停电不会造成严重后果的用户，如小城镇、小加工厂及农村用电等。当系统发生故障，出现供电不足的情况时，应当首先切除三类用户的用电负荷，以保证一、二类用户的用电。

（二）保证电能的良好质量

电能是一种商品，它的质量指标主要有电压、频率和波形。随着经济的发展和人们生活水平的提高，对电能质量的要求越来越高。频率、电压和波形是电能质量的三个基本指标。当系统的频率、电压和波形不符合电气设备的额定值要求时，往往会影响设备的正常工作，危及设备和人身安全，影响用户的产品质量等。因此要求系统所提供电能的频率、电压及波形必须符合其额定值的规定。其中，波形质量用波形总畸变率来表示，正弦波的畸变率是指各次谐波有效值平方和的方根值占基波有效值的百分比。

我国规定电力系统的额定频率为 50Hz，大容量系统允许频率偏差 ±0.2Hz，中小容量系统允许频率偏差 ±0.5Hz。35kV 及以上的线路额定电压允许偏差 ±5%；10kV 线路额定电压允许偏差 ±7%，电压波形总畸变率不大于 4%；380V/220V 线路额定电压允许偏差 ±7%，电压波形总畸变率不大于 5%。

对于电压和频率质量的保证，我国电力行业早有要求，并将其作为考核电力系统运行质量的重要内容之一。在当前条件下，为保证电能质量，需要增加系统电源的有功功率、无功功率，合理调配用电、节约用电，提高系统的自动化水平。保证波形质量，就是指限制系统中电流、电压的谐波，关键在于限制各种环流装置、电热炉等非线性负荷向系统注入的谐波电流，或改进换流装置的设计、装设滤波器、限制不符合要求的非线性负荷等的接入等。

（1）电压。系统电压过高或过低，对用电设备运行的技术和经济指标都有很大影响，甚至会损坏设备。一般规定电压的允许变化范围为额定电压的 ±5%。

（2）频率。频率的高低影响电动机的出力，会影响造纸、纺织等行业的产品质量，影响电子钟和一些电子类自动装置的准确性，使某些设备因低频震动而损坏。我国规定频率的允许变化范围为 50±（0.2 ~ 0.5）HZ。

（3）波形。电力系统供给的电压或电流一般都是较为标准的正弦波，但是在电能的传输过程中会发生畸变。引起谐波产生的原因很多，如带铁芯设备的饱和、系统的不对称运行、在系统中接入了电子设备和整流设备等。不标准的正弦波必含高次谐波，高次谐波的含量应该十分小。

（三）保证电力系统运行的稳定性

当电力系统的稳定性较差，或对故障处理不当时，局部故障的干扰有可能导致整个系统的全面瓦解（大部分发电机和系统解列），而且需要长时间才能恢复，严重时会造成大面积、长时间停电。因此稳定问题是影响大型电力系统运行可靠性的一个重要因素。

（四）保证运行人员和电气设备工作的安全

保证运行人员和电气设备工作的安全是电力系统运行的基本原则。这一方面要求在设计时，合理选择设备，使之在一定过电压和短路电流的作用下不致损坏；另一方面，还应按规程要求及时地安排对电气设备进行预防性试验，及早发现隐患，及时进行维修。在运行和操作中要严格遵守有关的规章制度。

（五）保证电力系统运行的经济性

电能的生产规模很大，消耗的一次能源在国民经济一次能源总消耗比重约为 1/3，而且电能在变换、输送、分配时的损耗绝对值也相当可观。因此，降低每生产一度电所消耗的能源和降低变换、输送、分配时的损耗，具有重要意义。煤耗率和线损率是考核电力系统运行经济性的重要指标，所谓煤耗率，是指煤生产 1kW · h 电能所消耗的标准煤重，以 g/kW · h 为单位，而标准煤则是含热量为 29.31MJ/kg 的煤。所谓线损率或网损率，是指电力网络中损耗的电能与向电力网络供应电能的百分比。

为保证系统运行的经济性，应开展系统经济运行工作，使各发电厂所承担的负荷合理分配。在保证安全、优质供电的前提下，将单一电力系统联合组成联合电力系统，可以提高供电可靠性，减少备用容量，更合理地调配用电，降低联合系统的最大负荷，提高发电设备利用率，减少系统中发电设备的总容量，并且可以更合理地利用系统中各种类型的发电厂，从而提高电力系统运行的经济性。同时，由于个别负荷在系统电能成本的降低不仅会使各用电部门的成本降低，更重要的是节省了能量资源，因此会带来巨大的经济效益和长远的社会效益。为了实现电力系统的经济运行，除了进行合理的规划设计外，还须对整个系统实施最佳经济调度，从而实现火电厂、水电厂及核电厂负荷的合理分配，同时还要提高整个系统的管理技术水平。

（六）满足节能环保的要求

地球生态环境日益恶化的今天，要求电力系统的运行能满足节能与环保的要求，如实行水火电联合经济运行，最大限度地节省燃煤和天然气等一次能源，将火力发电释放到大气中的二氧化硫、二氧化氮等有害气体控制在最低水平，大力发展风力发电、太阳能发电等可再生能源发电，实现可持续发展。

第三节　电力系统的电压等级和规定

一、电力系统的额定电压

生产厂家在制造和设计电气设备时都是按一定的电压标准来执行的，而电气设备也只有运行在这一标准电压附近，才能具有最好的技术性能和经济效益，这种电压就称为额定电压。

实际电力系统中，各部分的电压等级不同。这是由于电气设备运行时存在一个能使其技术性能和经济效果达到最佳状态的电压。另外，为了保证生产的系列性和电力工业的有序发展，我国国家标准规定了电气设备标准电压（又称额定电压）等级。

输电电压一般分为高压、超高压和特高压。高压通常指 35 ~ 220kV 的电压；超高压通常指 330kV 及以上、1000kV 以下的电压；特高压指 1000kV 及以上的电压。

（1）同一电压级别下，各个电气设备的额定电压并不完全相等，为了使各种互相连接的电气设备都能运行在较有利的电压下，它们之间的配合原则是：以用电设备的额定电压为参考。由于线路直接与用电设备相连，因此电力线路的额定电压和用电设备的额定电压相等，把它们统称为网络的额定电压。我国国家标准规定的网络额定电压为 10kV、110kV、220kV 等。

（2）发电机的额定电压比网络的额定电压高 5%。这是由于用电设备一般允许其实际工作电压偏离额定电压 5%，电力线路从首端到末端电压损耗一般为网络额定电压的 10%，故通常让线路首端电压比网络额定电压高 5%，即线路首端的电压为其额定值的 105%，以使线路末端电压比网络额定电压最多低 5%，即不低于额定值的95%。

发电机总是接在电力网的首端，因此发电机的额定电压为线路额定电压的105%，如3.15kV、6.3kV、10.5kV等。

（3）变压器具有发电机和用电设备的两重性，因此其额定电压的规定略为复杂。根据变压器在电力系统中传输功率的方向，规定变压器接收功率一侧的绕组为一次绕组，从电网接收电能，相当于用电设备；输出功率一侧的绕组为二次绕组，相当于发电机。因此规定：

①变压器一次绕组的额定电压与网络的额定电压相等，但直接与发电机连接时，如升压变压器或发电厂厂用降压变压器，一次绕组的额定电压则与发电机的额定电压相等，即要比系统的额定电压高5%。

②变压器二次绕组的额定电压定义为空载时的电压。变压器满载时内部阻抗上约有5%的电压损耗，为使变压器在额定负荷下工作时二次侧的电压比网络额定电压高5%，变压器二次绕组的额定电压应比网络额定电压高10%，如3.3kV、6.6kV、11kV、38.5kV、121kV、242kV等。只有内阻抗小于7.5%的小型变压器和二次侧直接（包括通过短距离线路）与用电设备相连的变压器，才比网络额定电压高5%，如3.15kV、6.3kV、10.5kV等。

二、电力网电压等级的选择

三相交流输电线路传输的有功功率为

$$P = \sqrt{3}UI\cos\phi \tag{1-1}$$

当输送的功率和距离一定时，线路的电压越高，线路中的电流就越小，所用导线的截面可以减小，用于导线的投资也较小，同时线路中的功率损耗、电能损耗也都相应减少。另一方面，电压等级越高，线路的绝缘就要加强，杆塔几何尺寸要增大，线路、变压器和断路器等有关电气设备的投资也要增大。这表明对应一定的输送功率和输送距离，应有一个技术和经济上比较合理的电压。

第四节　电力系统的接线方式

一、电力系统接线图

（1）电力系统电气接线图。电力系统电气接线图可较详细地表示出电力系统各主要元件之间的电气联系，但不能反映各发电厂、变电所的相对地理位置。

（2）电力系统地理接线图。在电力系统地理接线图中各发电厂、变电所相对地理位置和线路路径都按一定比例画出，但各主要元件较详细的电气联系却难以表示。

二、电力系统的接线方式分类

电力系统的接线方式对于保证安全、优质和经济地向用户供电具有重要的作用，它包括发电厂的主接线、变电所的主接线和电力网的接线，本节只对电力网的接线方式进行介绍。

（一）按供电可靠性分类

按供电可靠性，电力网的接线分为有备用接线方式和无备用接线方式两种。

（1）无备用接线方式：是指负荷只能从一条路径获得电能的接线方式。根据形状，它包括单回路的放射式、干线式和链式网络。

无备用接线的主要优点在于简单、经济、运行操作方便；主要缺点是供电可靠性差，并且在线路较长时，线路末端电压往往偏低，因此这种接线方式不适用于一级负荷占很大比重的场合。但一级负荷的比重不大，并可为这些负荷单独设置备用电源时，仍可采用这种接线。这种接线方式广泛应用于二级负荷。

（2）有备用接线方式：是指负荷至少可以从两条路径获得电能的接线方式。

它包括双回路的放射式、干线式、链式、环式和两端供电网络。

有备用接线的主要优点在于供电可靠性高，电压质量好。有备用接线中，双回路的放射式、干线式和链式接线的缺点是不够经济；环形网络的供电可靠性和经济性都不错，但其缺点是运行调度复杂，并且故障时的电压质量差；两端供电网络很常见，供电可靠性高，但采用这种接线的先决条件是必须有两个或两个以上独立电源，并且各电源与各负荷点的相对位置又决定了这种接线的合理性。

（二）按负荷取得电能的方向分类

按负荷取得电能的方向，电力网可分为开式网络和闭式网络两种。

（1）开式网络：凡变电所（用户）只能从一个方向取得电能的网络，称为开式网络。主要形式有单、双回路放射式、干线式和链式。

（2）闭式网络：凡变电所（用户）可以从两个或两个以上的方向取得电能的网络，称为闭式网络。主要形式有环形网络、两端供电网络。

（三）电力网接线方式的选择

对电力网接线方式的选择，要考虑以下几个方面：

（1）必须保证用户供电的可靠性。

（2）必须能灵活地适应各种可能的运行方式。

（3）应力求节约设备材料，减少投资与运行费用。

（4）应保证在各种运行方式下运行人员能安全地操作。

第五节　柔性交流输电系统

近年来，我国电网的快速发展使得电力负荷不断增长，电网结构和运行方式的复杂程度也大大提高，已有的交流输电系统在现有运行控制技术下难以满足长距离、大容量输送电能的需要。而且由于环境保护的要求，架设新的输电线路受到线路走廊短缺的制约。因此，挖掘已有输电网络的潜力，提高其输送能力成为解决输电问题的一个重要途径。

对于一个传统的电力系统，一方面虽然可以通过改变有载调压变压器分接头的位置、串联补偿电容器和并联补偿电抗（或电容）器的值来改变网络参数，以及通过断开或者投入某条线路来改变网络拓扑结构，但由于相应的控制操作是通过机械装置完成的，其调整速度往往不能满足系统在暂态过程中的要求。另一方面，由于传统电力系统线路的参数不可调控，使网络中的线路潮流通常都不能按照最佳经济电流密度分布，出现了某条线路已经满载甚至过载，而另一条线路仍然轻载运行的情况。因此，其输电能力一般都不能得到充分利用。

柔性交流输电系统（Flexible AC transmission systems，FACTS）是综合电力电子技术、控制技术、微处理和微电子技术以及通信技术而形成的用于灵活快速控制交流输电的新技术。它利用大功率电力电子元器件构成的装置来调节交流电力系统的网络参数或运行参数，以优化电力系统的运行状态，提高交流电力系统线路的电能传输能力。该技术主要针对交流电的电压、相角、无功功率和电抗等参数进行控制，能够有效地提高交流系统的安全稳定性，可以获得最大的安全裕度和最小的输电成本，能够满足电力系统对电力输送的长距离与大功率安全稳定的要求。

属于柔性交流输电系统的装置很多，除了直流输电外，其他所有利用电力电子器件构成的电力系统调控设备或装置都属于柔性交流输电技术的范畴。FACTS

装置按其在电力系统中的安装连接方式可分为串联型、并联型和混合型。目前，已应用于电力系统的 FACTS 装置主要有静止无功补偿器（static var compensator，SVC，并联型）、可控串联补偿器（thy-ristor controlled series compensator，TCSC，串联型）、静止同步补偿器（static synchro-nous compensator，STATCOM，并联型）、统一潮流控制器（unified power flow control-ler，UPFC，混合型）、静止同步串联补偿器（static synchronous series compensator，TCSC，串联型）、晶闸管控制移相器（thyristor controlled phase shifting transformer，TCPST，混合型）等。

SVC 主要是由一组晶闸管控制电抗器单元（thyristor controlled reactor，TCR）和若干组晶闸管投切电容器单元（thyristor switched capacitor，TSC）并联组成。半控型器件晶闸管使得 SVC 可实现快速、连续可调的无功补偿，从而实现了对系统节点电压幅值的控制。

STATCOM 的功能与 SVC 基本相同，但因其采用全控型电力电子器件（如 GTO），因此控制更加快速、灵活，调节范围也更宽。为提高效率和减小谐波，STATCOM 一般采用多电平拓扑结构，如三电平、五电平等。

TCSC 主要由电容器及与其并联并受晶闸管控制的电抗器组成。由于晶闸管的引入，使得 TCSC 能够大范围快速、连续、平滑地调节线路阻抗，从而可以提高电力输送能力、平息地区性振荡、提高系统的暂态稳定性。

UPFC 主要由全控型并联换流器、串联换流器、并联变压器、串联变压器和耦合电容器构成，通过改变其控制规律，能分别或同时实现并联补偿、串联补偿、移相和端电压调节等功能。当然，与上述几种 FATCS 装置相比，UPFC 的结构和控制策略都要复杂得多。

第六节　电力网各元件的参数和等值电路

一、电力线路的参数和等值电路

（一）电力线路结构简述

电力线路按结构可分为架空线路和电缆线路两大类。

1. 架空线路

架空线路由导线、避雷线、塔杆、绝缘子和金具等构成。

（1）导线。作用是传输电能。导线的种类有铜绞线、铝绞线、钢芯铝绞线。导线使用比较广泛。

（2）避雷线。作用是将雷电流引入大地以保护电力线路免受雷击。一般采用钢绞线。

（3）塔杆。作用是支持导线和避雷线。按照塔杆材料分类，有木杆、钢筋混凝土杆和铁塔三种；按用途，分为直线杆塔、耐张杆塔、转角杆塔、终端杆塔、换位杆塔。

（4）绝缘子。作用是使导线和塔杆保持绝缘。有针式和悬式绝缘子两种。

（5）金具。作用是支持，接线，保护导线和避雷线，连接和保护绝缘子。可分为悬垂线夹、耐张线夹、接续金具和保护金具等。

2. 电缆线路

电缆一般由导线、绝缘层、钢铠保护层等构成。除电缆本体外，还有其他附件，如接线盒和终端盒等。对于充油电缆，还有一整套供油系统。

（二）电力线路的参数

输电线路的参数有四个，即电阻、电抗、电导和电容。对于这些参数，在计算中通常认为均匀分布。输电线路包括架空线和电缆。电缆由工厂按标准规格制造，可根据厂家提供的数据或实测求取参数，这里不予讨论。架空线路的参数与架设条件等外界因素有密切关系，本节将重点介绍该参数计算。

1. 架空线路的参数

架空线路一般采用铝线、钢芯铝线和铜线。

（1）电阻。有色金属导线单位长度的直流电阻可按式（1–2）计算，即

$$r_1 = \frac{\rho}{S} \tag{1–2}$$

式中：r——单位电阻（Ω/km）；

ρ——导线的电阻率（$\Omega \cdot mm^2/km$）；

S——导线的标称截面积（mm^2）。

考虑到：①通过导线的是三相工频交流电流，由于趋肤效应和邻近效应，交流电阻比直流电阻略大；②由于多股绞线的扭绞，导体实际长度比导线长度长2% ~ 3%；③在制造中，导线的实际截面积比标称截面积略小。所以在电力系统计算中常取铜的电阻率为$18.8\Omega \cdot mm^2/km$，铝的电阻率为$31.5\Omega \cdot mm^2/km$。

（2）电抗。电力线路的电抗是由于导线中通过交流电流时，在导线周围产生磁场而形成的。当三相线路对称排列或不对称排列时，该线路经完整换位后，每相导线单位长度电抗均可计算。

（3）电纳。电力线路的电容反映了导线带电时，在其周围介质中建立的电磁效应。导线之间存在电容，由此决定了导线的电纳。

（4）电导。电力线路的电导主要是由沿绝缘子的泄漏现象和导线的电晕现象所决定的。导线的电晕现象是导线在强电场作用下，周围空气的电离现象。电晕现象将消耗有功功率。

2. 电缆电力线路的参数

电缆电力线路与架空电力线路在结构上是截然不同的。电力电缆的三相导线间的距离很近，导线截面是圆形或扇形，导线的绝缘介质不是空气，绝缘层外有铝包或铅包，最外层还有钢铠。这样，使电缆电力线路的参数计算较为复杂，一般从手册中查取或从试验中确定，而不必计算。

（三）电力线路的等值电路

由于正常运行的电力系统三相是对称的，三相参数完全相同，三相电压、电流的有效值也相同，所以可用单相等值电路代表三相。因此，对电力线路只做单相等值电路即可。严格地说，电力线路的参数是均匀分布的，但对于中等长度以下的电力线路可按集中参数来考虑。这样，其等值电路可大为简化，但对于长线路则要考虑分布参数的特性。

1. 短电力线路

对于长度不超过 100km 的架空电力线路，线路额定电压为 60kV 及以下者，以及不长的电缆电力线路，电纳影响不大时，可认为是短电力线路。短电力线路由于电压不高，电导、电纳的影响可以不计。

2. 中等长度电力线路

对于长度不超过 100 ~ 300km 的架空电力线路，电缆电力线路长度不超过 100km，可认为是中等长度电力线路。由于电压高，线路电纳的影响不可忽略。

3. 长电力线路

对于长度超过 300km 的架空电力线路，电缆电力线路长度超过 100km，可认为是长电力线路。

二、变压器的等值电路和参数

（一）双绕组变压器的参数计算和等值电路

变压器的参数可以根据出厂铭牌上标注的参数如短路损耗、短路电压、空载损耗、空载电流等参数计算而得。

1. 阻抗

（1）电阻。变压器做短路试验时，将一侧绕组短接，在另一侧绕组施加电压，使短路绕组的电流达到额定值。

（2）电抗。当变压器通过额定电流时，在电抗上产生的电压降的大小，可以用额定电压的百分数表示。

2. 导纳

在变压器等值电路中，其励磁支路有两种表示方式，即以阻抗和导纳表示。后者在电力系统中较为常用。

（1）电导。当变压器励磁支路以导纳表示时，其电导对应的是变压器中的铁损，它与变压器空载损耗近似相等。

（2）电纳。变压器的电纳代表变压器的励磁功率。变压器空载电流包含有功分量和无功分量，与励磁功率对应的是无功分量。由于有功分量很小，无功分量和空载电流在数值上几乎相等。

（二）三绕组变压器的参数计算和等值电路

三绕组变压器等值电路中的参数计算原则与双绕组变压器的相同。

1. 电阻

由于三绕组变压器短路损耗有不同表达形式，其电阻的求法可分为两种。

（1）按各对绕组间的短路损耗计算。当三个绕组的容量比为 100/100/100 时，则三个绕组中每个绕组的额定容量都等于变压器的额定容量。

（2）按变压器最大短路损耗计算。当变压器的设计是按同一电流密度选择各绕组的导线截面积时，导线截面积与绕组额定电流或额定容量成正比，导线电阻与导线截面积成反比，且与绕组的额定电流或额定容量也成反比。

2. 电抗

三绕组变压器按其三个绕组排列方式，有升压结构和降压结构两种形式。

升压结构的绕组，从绕组最外层至铁芯的排列顺序为高压绕组、低压绕组和中压绕组。由于高、中压绕组间隔最远，二者间漏抗最大，因此短路电压百分数最大。

降压结构的绕组，从绕组最外层至铁芯的排列顺序为高压绕组、中压绕组和低压绕组。由于高、低压绕组间隔最远，二者间漏抗最大，因此短路电压百分数最大。

第二章　电力系统稳定性分析

第一节　电力系统稳定性概论

电力系统正常运行的一个重要标志，是系统中的同步电机（主要是发电机）都处于同步运行状态。所谓同步运行状态是指所有并联运行的同步电机都有相同的电角速度。在这种情况下，表征运行状态的参数具有接近于不变的数值，通常称此情况为稳定运行状态。

随着电力系统的发展，往往会有这样一些情况：例如，水电厂或火电厂通过长距离交流输电线将大量的电力输送到中心系统，在输送功率达到一定的数值后，电力系统稍微小的扰动都有可能出现电流、电压、功率等运行参数剧烈变化和振荡的现象，这表明系统中的发电机之间失去了同步，电力系统不能保持稳定运行状态；又如，当电力系统中个别元件发生故障时，虽然自动保护装置已将故障元件切除，但是，电力系统受到这种大的扰动后，也有可能出现上述运行参数剧烈变化和振荡现象；此外，运行人员的正常操作，如切除输电线路、发电机等，也有可能导致电力系统稳定运行状态的破坏。

通常，人们把电力系统在运行中受到微小的或大的扰动之后能否继续保持系统中同步电机（最主要的是同步发电机）间同步运行的问题，称为电力系统同步稳定性问题。电力系统同步运行的稳定性是根据受扰后系统并联运行的同步发电机转子之间的相对位移角（或发电机电动势之间的相角差）的变化规律来判断的，因此，这种性质的稳定性又称为功角稳定性。

电力系统中电源的配置与负荷的实际分布总是不一致的，当系统通过输电线路向电源配置不足的负荷中心地区大量传送功率时，随着传送功率的增加，受端系统的电压将会逐渐下降。在有些情况下，可能出现不可逆转的电压持续下降，或者电压长期滞留在完全运行所不能容忍的低水平上而不能恢复。这就是说电力系统发生了电压失稳，它将造成局部地区的供电中断，在严重的情况下还可能导致电力系统的功角稳定丧失。

电力系统稳定性的破坏，将造成大量用户供电中断，甚至导致整个系统的瓦解，后果极为严重。因此，保持电力系统运行的稳定性，对于电力系统安全可靠运行，具有非常重要的意义。

第二节　电力系统静态稳定性分析

电力系统静态稳定是指电力系统受到小干扰后，不发生自发振荡或非周期性失步，自动恢复到初始运行状态的能力。电力系统几乎时时刻刻都受到小的干扰。例如，系统中负荷的小量变化；又如架空输电线因风吹摆动而引起的线间距离（影响线路电抗）的微小变化，等等。因此，电力系统的静态稳定问题实际上就是确定系统的某个运行稳态能否保持的问题。

一、小干扰法分析简单系统的静态稳定

小干扰法的理论基础是俄国学者李雅普诺夫奠定的。对于一非线性动力系统，其运动特性可以用一阶非线性微分方程组来描述，即

$$dX(t)/dt = F\left[X(t)\right] \tag{2–1}$$

式中：X 为系统状态变量的向量；F 为非线性函数向量。

如果 X_0 是系统的一初始平衡状态的向量，即 $F[X_0]=0$，系统受小干扰后，$X=X_0+\Delta X$，代入式（2-1），并将等式右边用泰勒级数展开后忽略 ΔX 的二阶以上各项，可得

$$d(X_0+\Delta X)/dt=F(X_0+\Delta X)=F(X_0)+dF(X)/dt\Big|_{x_0}\times\Delta X$$

$$d\Delta X/dt=dF(X)/dt\Big|_{x_0}\times\Delta X=A\Delta X \tag{2-2}$$

式（2–2）即为偏移量线性化的状态方程，即 A 又称为雅可比矩阵。

根据李雅普诺夫小干扰稳定性判断原则，若 A 矩阵所有特征值的实部均为负值，则系统是稳定的。若改变系统的初始平衡状态或参数，使得 A 的特征值中出现一个零根或实部为零的一对虚根，则系统处于稳定的边界。只要特征值出现一个正实根或有一对具有正实部的复根，则系统是不稳定的，前者对应于非周期性的失稳，后者则对应于周期性的振荡失稳。

（一）列出系统状态变量偏移量的线性状态方程

在简单系统中只有一个发电机元件需要列出其状态方程。因为变压器和线路的电抗可看作发电机漏抗的一部分，无限大容量系统相当于一个无限大容量的发电机，其电压和频率不变，不必列出状态方程。此时，简单系统中发电机的电磁功率已表达为 Eq（常数）、U 和 δ 的函数。这样，发电机的状态方程就只有转子运动方程，即

$$\left.\begin{aligned}\frac{d\delta}{dt}&=(\omega-1)\omega_0\\ \frac{d\omega}{dt}&=\frac{1}{T_J}\left(P_T-\frac{E_qU}{x_{d\Sigma}}\sin\delta\right)\end{aligned}\right\} \tag{2-3}$$

这是一组非线性的状态方程。由于静态稳定是研究系统在某一个运行方式下受到小的干扰后的运行状况，故可以把系统的状态变量的变化看作在原来的运行情况上叠加了一个小的偏移。对于简单系统，其状态变量可表示为

$$\left.\begin{aligned}\delta&=\delta_0-\Delta\delta\\ \omega&=1+\Delta\omega\end{aligned}\right\} \tag{2-4}$$

代入式（2–3）后得

$$\left.\begin{aligned}\frac{d(\delta_0+\Delta\delta)}{dt}=\frac{d\Delta\delta}{dt}\Delta\omega\omega_0\\ \frac{d(1+\Delta\omega)}{dt}=\frac{d\Delta\omega}{dt}=\frac{1}{T_J}\left[P_T-\frac{E_qU}{x_{d\Sigma}}\sin(\delta_0+\Delta\delta)\right]\end{aligned}\right\}\quad(2\text{–}5)$$

在式（2-4）中含有非线性函数（$P_E \sim \delta$），但由于假定了偏移量 $\Delta\delta$ 很小，可以将 P_E 在 δ_0 附近按泰勒级数展开，然后略去偏移量的二次及以上的高次项，则可近似得 P_E 与 δ_0 的线性关系并代入式（2–5）后可得

$$\left.\begin{aligned}\frac{d\Delta\delta}{dt}=\Delta\omega\omega_0\\ \frac{d\Delta\omega}{dt}=\frac{1}{T_J}\Delta P_c=-\frac{1}{T_J}\left(\frac{dP_c}{d\delta}\right)_{\delta=\delta_0}\Delta\delta\end{aligned}\right\}\quad(2\text{–}6)$$

式（2–6）是系统状态变量偏移量的线性微分方程组。其矩阵形式为

$$\begin{bmatrix}\Delta\dot{\delta}\\ \Delta\dot{\omega}\end{bmatrix}=\begin{bmatrix}0 & \omega_0\\ -\frac{1}{T_J}\left(\frac{dP_e}{d\delta}\right)_{\delta=\delta_0} & 0\end{bmatrix}\begin{bmatrix}\Delta\delta\\ \Delta\omega\end{bmatrix}\quad(2\text{–}7)$$

它的一般形式与式（2–2）一致，即

$$\Delta\dot{X}=A\Delta X\quad(2\text{–}8)$$

式中：A 为状态方程组的系数矩阵；ΔX 为状态变量偏移量组成的向量；$\Delta\dot{X}$ 为状态变量偏移量的导数所组成的向量。

（二）根据特征值判断系统的稳定性

对于式（2–7）这样的二阶微分方程组，其特征值很容易求得，即从下面的特征方程

$$\begin{vmatrix}0-p & \omega_0\\ \frac{-1}{T_J}\left(\frac{dP_e}{d\delta}\right)_{\delta=\delta_0} & 0-p\end{vmatrix}=0\quad(2\text{–}9)$$

求得特征值 p 为

$$p_{1,2}=\pm\sqrt{\frac{-\omega_0}{T_J}\left(\frac{dP_e}{d\delta}\right)_{\delta=\delta_0}} \tag{2-10}$$

很明显，当 $\left(\frac{dP_e}{d\delta}\right)_{\delta=\delta_0}$ 小于零时，$P_{1,2}$ 为一个正实根和一个负实根，即 $\Delta\delta$ 和 $\Delta\omega$ 有随时间不断单调增加的趋势，发电机相对于无限大系统非周期性地失去同步，故系统是不稳定的。当 $\left(\frac{dP_e}{d\delta}\right)_{\delta=\delta_0}$ 大于零时，$P_{1,2}$ 为一对虚根，从理论上讲，$\Delta\delta$ 和 $\Delta\omega$ 将不断地做等幅振荡。

二、阻尼作用对静态稳定的影响

发电机除了转子在转动过程中具有机械阻尼作用外，还有发电机转子闭合回路所产生的电气阻尼作用。当发电机与无限大系统之间发生振荡（$\Delta\delta$ 和 $\Delta\omega$ 振荡）或失去同步时，在发电机的转子回路中，特别是在阻尼绕组中将有感应电流而产生阻尼转矩或异步转矩。总的阻尼功率可近似表达为

$$P_D=D\Delta\omega \tag{2-11}$$

式中：D 称为阻尼功率系数。

计及阻尼功率后发电机的转子运动方程式为

$$\left.\begin{aligned}\frac{d\Delta\delta}{dt}&=\Delta\omega\omega_0\\ \frac{d\Delta\omega}{dt}&=-\frac{1}{T_J}\left[D\Delta\omega+\left(\frac{dP_e}{d\delta}\right)_{\delta=\delta_0}\Delta\delta\right]\end{aligned}\right\} \tag{2-12}$$

求得特征值为

$$p_{1,2}=\frac{-D}{2T_J}\pm\frac{1}{2T_J}\sqrt{D^2-4\omega_0T_J\left(\frac{dP_e}{d\delta}\right)_{\delta=\delta_0}} \tag{2-13}$$

特征值 P 具有负实部的条件为

$$D>0;\ S_{eq}=\left(\frac{dP_e}{d\delta}\right)_{\delta=\delta_0}>0 \tag{2-14}$$

（1）若 $S_{eq}<0$，则不论 D 是正或负，P 总有一正实根，系统均将非周期性地失去稳定，只是在正阻尼时过程会慢一些。

（2）若 $S_{eq}>0$，则 D 的正、负将决定系统是否稳定。

① $D>0$，系统总是稳定的。由于一般 D 不是很大，P 为负实部的共轭根，即系统受到小扰动后，$\Delta\delta$ 和 $\Delta\omega$ 做衰减振荡。

② $D<0$，系统不稳定。一般 P 为正实部的共轭根，系统受到小扰动后，$\Delta\delta$ 和 $\Delta\omega$ 振荡发散，即系统振荡失稳。

三、静态稳定储备系数的计算

为保证电力系统运行的安全性，不能允许电力系统运行在稳定的极限附近，而要留有一定的裕度，这个裕度通常用稳定储备系数来表示。

以有功功率表示的静态稳定储备系数为

$$K_{sm(P)}=\frac{P_{S1}-P_{G0}}{P_{G0}}\times 100\% \tag{2-15}$$

储备系数的确定必须从技术和经济等方面综合考虑。若储备系数定得较大，则要减小正常运行时发电机输送的功率P_{G0}（当稳定极限变化不大时），因而限制了输送能力，恶化输电的经济指标。储备系数定得过小虽然可以增大正常运行的输送功率，但运行的安全可靠性较低，若出现稳定破坏事故，那么将造成经济上的巨大损失。电力系统不仅要求正常运行下有足够的稳定储备，而且要求在非正常运行方式下（例如切除故障线路后）也应有一定的稳定储备，当然，这一储备可以比正常运行时的小些。

正常运行方式和正常检修运行方式下，$K_{sm(P)}\geqslant 15\% \sim 20\%$；事故后运行方式和特殊运行方式下，$K_{sm(P)}\geqslant 10\%$。

电力系统静态稳定实际计算的目的，就是按给定的运行条件，求出以运行参数表示的稳定极限，从而计算出该运行方式下的稳定储备系数，检验它是否满足规定的要求。

即使是简单电力系统，要确定稳定极限功率P_{G0}也是很麻烦的。为此，实用上认为系统在不发生自发振荡的前提下，用 $dP/d\delta>0$ 作为静态稳定判据来计算储备系数，这意味着用功率极限 P_m 来代替稳定极限P_{S1}，静态稳定储备系数$K_{sm(P)}$的

计算式将变为

$$K_{sm(P)}=\frac{P_{S1}-P_{G0}}{P_{G0}}\times 100\% \quad (2\text{–}16)$$

这样，计算静态稳定储备系数$K_{sm(P)}$时，首先根据发电机装设的励磁调节器特性和整定的参数，确定发电机的计算条件（选用保持何种电动势为恒定的模型）；然后根据给定的运行方式，进行潮流计算，求出发电机的电动势及此时的功率P_{G0}；接着根据计算条件，计算功率特性和功率极限；最后用式（2–16）计算$K_{sm(P)}$，检验它是否满足规定的要求。

第三节　电力系统暂态稳定性分析

暂态稳定是电力系统大干扰的同步稳定，本章主要讨论简单电力系统受大扰动后发电机转子相对运动的物理过程、暂态稳定的基本计算和暂态稳定判据，并对复杂系统的上述问题也做了简单介绍，最后分析了提高电力系统暂态稳定的措施。

一、暂态稳定性分析计算的基本假设

（一）电力系统机电暂态过程的特点

电力系统暂态稳定问题是指电力系统受到较大的扰动后各发电机是否能继续保持同步运行的问题。引起电力系统大扰动的原因主要有：

（1）负荷的突然变化，如投入或切除大容量的用户等；

（2）切除或投入系统的主要元件，如发电机、变压器及线路等；

（3）发生短路故障。

其中短路故障的扰动最为严重，常以此作为检验系统是否具有暂态稳定的条件。

当电力系统受到大的扰动时，表征系统运行状态的各种电磁参数都要发生急剧的变化。但是，由于原动机调速器具有较大的惯性，它必须经过一定时间后才能改变原动机的功率。这样，发电机的电磁功率与原动机的机械功率之间便失去了平衡，于是产生了不平衡转矩。在不平衡转矩作用下，发电机开始改变转速，使各发电机转子间的相对位置发生变化（机械运动）。发电机转子相对位置，即相对角的变化，反过来又将影响电力系统中电流、电压和发电机电磁功率的变化。所以，由大扰动引起的电力系统暂态过程，是一个电磁暂态过程和发电机转子间机械运动暂态过程交织在一起的复杂过程。如果计及原动机调速器、发电机励磁调节器等调节设备的暂态过程，则过程将更加复杂。

精确地确定所有电磁参数和机械运动参数在暂态过程中的变化是困难的，对于解决一般的工程实际问题往往也是不必要的。通常，暂态稳定分析计算的目的在于确定系统在给定的大扰动下发电机能否继续保持同步运行，因此，只需研究表征发电机是否同步的转子运动特性，即功角随时间变化的特性便可以了。据此，我们找出暂态过程中对转子机械运动起主要影响的因素，在分析计算中加以考虑，而对于影响不大的因素则予以忽略或做近似考虑。

（二）基本假设

暂态稳定是指电力系统在某个运行情况下突然受到大的扰动后，能否经过暂态过程达到新的稳态运行状态或者恢复到原来的状态。这里所谓的大干扰，是相对于前面所提到的小干扰而言的，一般是指短路故障、突然断开线路或发电机等。如果系统受到大的干扰后仍能达到稳态运行，则系统在这种运行情况下是暂态稳定的。反之，如果系统受到大的干扰后不能再建立稳态运行状态，而是各发电机组转子间一直有相对运动，相对角不断变化，因而系统的功率、电流和电压都不断振荡，以致整个系统不能再继续运行下去，则称系统在这种运行情况下不能保持暂态稳定。对电力系统的暂态稳定进行分析时采用如下基本假设：

（1）由于发电机组惯性较大，在所研究的短暂时间里各机组的电角速度相对于同步角速度（314rad/s）的偏离是不大的。因此，在分析系统的暂态稳定时往往假定在故障后的暂态过程中，网络的频率仍为50Hz。

（2）忽略突然发生故障后网络中的非周期分量电流。这一方面是由于它衰减较快；另一方面，非周期分量电流产生的磁场在空间不动，它和转子绕组电流产生的磁场相互作用将产生以同步频率交变、平均值接近于零的制动转矩。此转矩对发电机的机电暂态过程影响不大，可以略去不计。

根据以上两个假定，网络中的电流、电压只有频率为 50Hz 的分量，也就是说描述网络的方程仍可以用代数方程。

（3）当故障为不对称故障时，发电机定子回路中将流过负序电流。负序电流产生的磁场和转子绕组电流的磁场形成的转矩，主要是以两倍同步频率交变的、平均值接近于零的制动转矩。它对发电机也即对电力系统的机电暂态过程没有明显影响，也可略去不计。如果有零序电流流过发电机，由于零序电流在转子空间的合成磁场为零，它不产生转矩，完全可以略去。

除了以上基本假设之外，根据对稳定问题分析计算的不同精度要求，对于系统主要元件还有近似简化。以下列出最简化的发电机、原动机以及负荷的模型。

（1）发电机的等值电动势和电抗。由于发电机及阻尼绕组中自由直流电流衰减很快，可以不计阻尼绕组的作用。根据励磁回路磁链守恒原理，在故障瞬间暂态电动势是不变的，故障瞬间以后暂态电动势逐渐衰减，但考虑到励磁调节器的作用，可以近似地认为暂态电动势在暂态过程中一直保持常数。

（2）不计原动机调速器的作用。一般在短过程的暂态稳定计算中，考虑到调速系统惯性较大，假设原动机功率不变。

（3）负荷为恒定阻抗。

二、电力系统的暂态稳定性理论分析

（一）电力系统暂态稳定分析的理论描述

在现实环境中，供电系统是一个较为复杂的体系，因其结点分布较为广泛，是众多国家基础设施建设及人们工作生活的重要支柱。对于电力系统的整体规划及运行过程而言，如若保证电网运行的高效性与稳定性，则要进行大量的暂态稳定分析，并针对相关的分析结果制定出电力系统的紧急控制策略，以便在实践过程中降低风险发生时的损失。

（二）电力系统暂态稳定分析的影响因素

一般情况下，电力系统在实际运行中可能会遇到各种因素的干扰，因此，就可能会造成系统内部发电机的输入机械功率与输出电磁功率失衡，在这种情形下，电力系统中各个机组的转子速度就会发生晃动，则会引起两种不同的后果：其一是晃动后停止，系统延续之前的运行状态继续运行，我们就可以评定该系统在受到干扰后是暂态稳定的；其二是机组发生晃动以后，发电机组内部出现了震荡，导致系统功率或电压不稳，则称其为电力系统处于非暂态稳定状态。

通常来说，对电力系统暂态稳定造成影响的原因有很多，比如，电机出现的故障类型、继电保护动作的时间以及电机的运行方式，等等。首先，在同一种运行手段下，故障类型不同对暂态稳定造成的影响也是不一样的，例如，造成影响最小的是三相短路故障，而造成影响最大的则是单相接地出现故障。其次，在确保其他参数不变的状况下，线路运行的方式对暂态稳定所带来的影响是非常明显的。最后，由于受微机保护，而使得故障切除的时间也不一样，因此其对系统稳定所带来的影响也不一样，稳定程度随着其变化而不断地降低。

三、暂态稳定分析的目的及方法概述

暂态稳定分析是通过模拟某种故障场景，使电力系统受到较大干扰后，来测定电力系统阻挡干扰能力的强弱，以便采取一定的措施来控制系统维系暂态稳定，提高电力系统在运行过程中的安全性与稳定性。暂态稳定分析一般采用数学方法，运用微分方程组的数值求解过程与函数计算过程来实现。在实际计算过程中，可能会产生一定的测量误差，会对分析结果造成影响。但从总体来看，在进行暂态稳定分析时要将可能出现计算误差的情况考虑进去，进而使分析结果更为精准，对实践有利。

（一）时域仿真法暂态稳定分析

时域仿真分析法（逐步积分法），就是对某种数值的解法进行充分的利用，通过计算系统的潮流解作为计算的初值，同时对于电力系统的机电暂态过程也要进行数值仿真，之后再依照仿真的结果来对指定干扰下的电力系统暂态稳定性进行分析。时域仿真暂态系统稳定分析法是电力系统暂态稳定最为主要的方式，它所提供的数学模型比较详细，同时还可以提供伴随时间改变系统变量随之改变的特征，因此对于各种模型或干扰都比较适用。然而，时域仿真法也存在耗费机时较长、计算量过大的问题，对于实施稳定控制方面也不太适合，提供不了系统稳定程度方面的数据。

（二）人工智能法暂态稳定分析

当前被提及的人工智能网络模型有50余种。它是利用对人脑进行模仿而具备的能够对并行、联想能力、分布式存储以及自组织和自学习等方面进行大规模处理的能力等。人工智能系统最为基础的作用是联想与分类，而某一方面特有的作用则是由网络中各个被连接到一起的系数和各神经元所激活的函数来决定的。

人工网络系统在对暂态稳定进行分析时，通常充当稳定和不稳定模式的分类器或当作形成稳定指标的函数模拟器。其好处是不用特意构建数学模型，也不用对非线性方程进行求解，因此回忆的速度较快，能够对任意复杂的非线性关系进行模拟，训练的精度非常高，并能够自学，这是对专家系统存在的缺陷的弥补。其缺点是要对有限数量的样本随所组成的样本集进行有效的选择，才可以概括进而得出所需的结果。

（三）小波分析

如果电力系统被扰动的幅度较大，这时其表面运行状态中的各个电磁信号参数都会出现巨大的改变与振荡。要对这一方面出现的突变信号进行处理，利用小波分析是一个较好的选择。小波分析具有对微弱突变信号进行捕捉以及处理的能力，这是它最为明显的优势。通过利用将局部进行细化或放大的特征可以对各个变量中出现的微弱突变进行辨别与追踪，从而可以精确地判断出造成突变的局部地点和故障时间，这就从很大程度上使得电力系统暂态稳定的预测准确性和实时性得以提升。

通过以上电力系统暂态稳定的分析法我们发现，时域仿真法具有可靠、安全的特征，对于电力系统动态稳定的分析也最为有效成熟，然而由于其计算量过大，对于实时控制则不太适合。直接法计算的速度较快，具备在线应用的前景，可以对暂态稳定的程度进行定量分析，但到现在为止，还没出现过一种直接法能够在模型分析的详细程度、准确度和可靠性方面和常规的时域仿真法进行比较，所以将多种分析法相结合，共同运用则是电力系统暂态稳定分析今后发展的趋势。

第四节 提高稳定性的方法

一、提高稳定性的原则

从静态稳定分析可知，不发生系统震荡时，电力系统具有较高的功率极限，一般也就具有较高的运行稳定度。从暂态稳定性分析可知，电力系统受大的扰动后，发电机轴上出现的不平衡转矩将使发电机产生剧烈的相对运动；当发电机的相对角的震荡超过一定限度时，发电机便会失去同步。从这些概念出发，我们可以得出提高电力系统稳定性和输送能力的一般原则是：尽可能地提高电力系统的功率极限；抑制自发震荡发生；尽可能减小发电机相对运动的震荡幅度。

要提高电力系统的功率极限，应从提高发电机的电势 E、减小系统电抗 X、提高和稳定系统电压 V 等方面着手。抑制自发震荡，主要是根据系统情况，恰当地选择励磁调节系统的类型和整定其参数。要减少发电机转子相对运动的震荡幅度，提高暂态稳定，应从减小发电机转轴上的不平衡功率、减小转子相对加速度以及减小转子相对动能变化量等方面着手。

二、电力系统稳定性的作用及要求

（一）电力系统稳定性的作用

1. 对于企业的调配与服务有优化作用

之所以说电力系统稳定性的提供对企业的调配与服务功能有一定程度的优化作用，是因为相关人员在电力系统应用中，可以根据具体运行情况来开展工作，根据不同类型的电力设备特点，来实现设备利用的最优化，为电力企业工作效率的提升做好准备。相关人员可以全面掌握设备的利用情况，以此来对设备进行合理而科学的配置，实现设备的高效率运行，从而降低企业成本的使用率。对于传统电力技术而言，稳定性技术是一个大胆创新，相关人员在实际作业中可以利用该技术实现对电力设备的协调配置。

2. 有利于促进电力企业的高效发展

电力系统稳定性对电力企业的经济效益具有促进作用。众所周知，电对于人们的生活是何等重要，可以说生活处处都需要电。一旦电力系统稳定性受到冲击，便会发生大面积停电的安全事故，这种状况会导致电力系统的运行受到干扰，对企业的生产、人们的生活都产生了很大的影响。电力系统稳定性技术则可以在这种情况下，对相关干扰进行及时排除，保障用户的正常用电。

（二）电力系统稳定性的要求

电力系统稳定性要求电网结构与设备的选用必须科学合理，供电可靠性必须相对较高，工作人员的技术也必须相对过硬，以此来保证电力系统的正常运行。其中，工作人员的技术起着关键作用，他们必须在实际操作前，做好相关准备，采取有效措施来应对突发故障。

三、提高电力系统静态稳定性的措施

电力系统静态稳定性的基本性质说明，发电机可能输送的功率极限越高，则静态稳定性越高。所以要提高电力系统静态稳定性，根本方法是使电力系统具有较高的功率极限。

（一）发电机装设自动调节励磁装置

当发电机未装设自动励磁调节装置时，空载电动势为常数，发电机的电抗为同步电抗。通过发电机的各种励磁装置对静态稳定性的影响可知，当发电机装设比例型励磁调节装置时，可认为暂态电抗为常数，并且发电机的电抗由同步电抗减小为暂态电抗。如果能够按运行参数的变化率调节励磁，甚至基本可以维持发电机的端电压为常数，相当于发电机的电抗减小为零。因此，发电机装设先进的调节器，就相当于缩短了发电机与系统间的电气距离，从而提高了系统的稳定性。装设自动励磁调节装置价格低廉，效果显著，是提高静态稳定性的首选措施，几乎所有发电机都装设了自动励磁调节装置。

（二）减小元件电抗

1. 减小发电机和变压器的电抗

变压器的电抗在系统总电抗中所占比重不大，变压器在运行时，电抗的标幺值必须在一定的范围内，不能太小，所以变压器的电抗不需要特殊制造，在选用时尽量选用电抗较小的变压器即可。

2. 减小线路电抗

线路电抗在电力系统总电抗中所占的比重也较大，特别是远距离输电线路所占比重更大，因此减小线路电抗对提高电力系统的功率极限和稳定性也有重要的作用。直接减小线路电抗可采用以下方法：

（1）用电缆代替架空线。

（2）采用扩径导线。

（3）采用分裂导线。

前两种方法因投资过多等问题，尚难普遍实现。在 330kV 及以上的输电线路上，经常采用分裂导线来减小线路电抗。采用分裂导线时，对其结构方式，如每相分裂根数和分裂间距等要综合考虑。对于普通结构的分裂导线，过多的分裂根数和过大的分裂间距对减小电抗的效果并不显著，一般分裂根数不超过 4 根，分裂间距以 400 ~ 500mm 为宜。

3. 提高线路的额定电压

提高线路的额定电压等级，可提高静稳定极限，从而提高系统的静态稳定水平。提高线路电压，相应需要提高线路及设备的绝缘水平，加大铁塔及带电结构的尺寸，这样会使系统的投资增加。因此，对一定的输送功率和输送距离，应有其相应的经济合理的额定电压等级。为使电网电压具有较高的电压水平，必须在系统中设置足够的无功功率电源。

4. 采用串联电容器补偿

串联电容器补偿就是在高压电力线路上串联电容器。由于容抗和线路感抗性质相反，抵消了一部分感抗，从而使发电机与系统间总的电抗值减小，相当于缩短了线路的长度，提高了系统静态稳定性。若采用可控串联补偿，其串联电容的等效电抗是可调的，可进一步提升串联电容补偿的效果。此外，可控串联补偿控制系统引入附加阻尼控制环节，可改善系统的阻尼状况，有利于抑制低频振动。

5. 改善系统的结构

有多种方法可以改善系统的结构。

（1）加强线路两端各自系统的内部联系，减小系统等效电抗，如增加输电线路的回路数，减小线路电抗。

（2）在系统中间接入中间调相机或接入中间电力系统。当这些调相机或发电机配有较先进的自动励磁调节装置时，可以维持其暂态电动势 E，或端电压 U。甚至变压器高压母线电压恒定，把整个系统等值地分割成若干段，每一段的电气距离远远小于整个输电系统的电气距离，从而使系统的静态稳定性有了较大的提高。

四、提高暂态稳定性的措施

（一）切出故障

利用切出故障的方式，需要严格遵守速度原则，要做到迅速、利落。如果电力系统出现故障就会使得所做的功率出现差额的现象，进而自动加快转子的转动速度。因此，需要根据相应的规则来实现电力系统的暂态稳定。这时，需要通过降低加速面积或者增加减速面积的方式来实现。这样才能在相互作用的过程中，减小转子的运动速度。可见切出故障的方式具有一定的现实意义。

（二）重合闸装置

对于电力系统产生的故障而言，多数都是瞬时性而非永久性的。采用重合闸装置的设置，可以断开故障线路，待故障解决之后再重新投入使用。这种方式提升了电力系统的可靠性，同时能够保证供电的安全性和可靠性，因此，对于电力系统的暂态稳定性也具有重要的意义。重合闸动作愈快对稳定愈有利，但是重合闸的动作时间受到短路处去游离时间的限制。一般短路点往往会出现电弧，如果重合过快，则产生电弧的短路点，可能因去游离不够而使电弧重燃，使重合闸不成功，甚至使故障扩大。特别是单相重合闸，由于故障相与两正常相的相间电容和互感而产生的潜供电流维持了电弧的燃烧，使去游离时间加长。重合闸不成功对暂态稳定是很不利的，这相当于在很短的时间内又给了系统一个大的冲击。

（三）强行励磁

当由于外部短路而使发电机端电压降低，从而使其输出的电磁功率减小时，可以采用强励磁装置以增加其电磁功率输出，减小转子的不平衡功率。一般的发电机自动调节励磁系统都具有强行励磁装置。当机端电压低于额定电压的85%时，低电压继电器动作，并通过中间继电器将励磁装置的调节电阻强行短接，使励磁机的励磁电流大大增加。从而使得发电机的励磁电流、励磁电压都迅速增大，以提高发电机电势，增加电磁功率输出。

（四）变压器中性点经小电阻接地

当在中性点接地的电力系统中发生不对称接地短路时，将产生零序电流分量。若此时在系统中星形接线的变压器中性点经小电阻接地，则零序电流流过时将在这一电阻中产生功率损耗。这种功率损耗可以减少转子的不平衡功率，有利于系统的暂态稳定。同时接入小接地电阻，反映在正序增广网络中，相当于加大了附加阻抗，减少了系统联系阻抗，也提高了电磁功率。接地电阻的大小和安装地点应通过计算来确定，一般接地电阻值与变压器的短路电抗值接近。

第三章　电力系统优化调度与经济运行

第一节　电力系统调度自动化

一、调度的主要任务及结构体系

（一）电力系统调度的主要任务

电力系统调度的基本任务是控制整个电力系统的运行方式，使之无论在正常情况或事故情况下，都能符合安全、经济及高质量供电的要求。具体任务主要有以下几点：

1. 保证供电的质量优良

电力系统首先应该尽可能地满足用户的用电要求。使系统的频率与各母线的电压都保持在额定值附近，即保证了用户得到质量优良的电能。为保证用户得到优质电能，系统的运行方式应该合理，此外还需要对系统的发电机组、线路及其他设备的检修计划做出合理的安排。在有水电厂的系统中，还应考虑枯水期与旺水期的差别，但这方面的任务接近于管理职能，它的工作周期较长，一般不算作调度自动化计算机的实时功能。

2. 保证系统运行的经济性

电力系统运行的经济性当然与电力系统的设计有很大关系，因为电厂厂址的选择与布局、燃料的种类与运输途径、输电线路的长度与电压等级等都是设计阶段的任务，而这些都是与系统运行的经济性有关的问题。对于一个已经投入运行的系统，其发、供电的经济性就取决于系统的调度方案。一般来说，大机组比小机组效率高，新机组比旧机组效率高，高压输电比低压输电经济。但调度时首先要考虑系统的全局，保证必要的安全水平，所以要合理安排备用容量的分布，确定主要机组的出力范围等。由于电力系统的负荷是经常变动的，发送的功率也必须随之变动。因此，电力系统的经济调度是一项实时性很强的工作，在使用了调度自动化系统以后，这项任务大部分已依靠计算机来完成了。

3. 保证较高的安全水平

电力系统发生事故既有外因，也有内因。外因是自然环境、雷雨、风暴、鸟栖等自然“灾害”，内因则是设备的内部隐患与人员的操作运行水平欠佳。一般来说，完全由于误操作和过低的检修质量造成的事故也是有的，但事故多半是由外因引起，通过内部的薄弱环节而爆发。世界各国的运行经验证明，事故是难免的，但是一个系统承受事故冲击的能力却与调度水平密切相关。事故发生的时间、地点都是无法事先断言的，要衡量系统承受事故冲击的能力，无论在设计工作中，还是在运行调度中都是采用预想事故的方法。即对于一个正在运行的系统，必须根据规定预想几个事故，然后进行分析、计算，若事故后果严重，就应选择其他的运行方式，以减轻可能发生的后果，或使事故只对系统的局部范围产生影响，而系统的主要部分却可免遭破坏。这就提高了整个系统承受事故冲击的能力，亦即提高了系统的安全水平。由于系统的数据与信息的数量很大，负荷又经常变动，要对系统进行预想事故的实时分析，也只在计算机应用于调度工作后才有了实现的可能。

4. 保证提供强有力的事故处理措施

事故发生后，面对受到严重损伤或遭到破坏的电力系统，调度人员的任务是及时采取强有力的事故处理措施，调度整个系统，使对用户的供电能够尽快地恢复，把事故造成的损失减最小，把一些设备超限运行的危险性及早排除。对电力系统中只造成局部停电的小事故，或某些设备的过限运行，调度人员一般可以从容处理。大事故则往往造成频率下降、系统振荡甚至系统稳定破坏，系统被解列成几部分，造成大面积停电，此时要求调度人员必须采用强有力的措施使系统尽快恢复正常运行。

从目前情况来看，调度计算机还没有正式设计事故处理方面的功能，仍是自动按频率减负荷、自动重合闸、自动解列、自动制动、自动快关汽门、自动加大直流输电负载等，由当地直接控制、不由调度进行启动的一些“常规”自动装置，在事故处理方面发挥着强有力的作用。在恢复正常运行方面，目前还主要靠人工处理，计算机只能提供一些事故后的实时信息，加快恢复正常运行的过程。由此可见，实现电力系统调度自动化的任务仍是十分艰巨的。

（二）电力系统调度的分层体系

电力系统调度控制可分为集中调度控制和分层调度控制。集中调度控制就是电力系统内所有发电厂和变电站的信息都集中到一个中央调度控制中心，由中央调度中心统一来完成整个电力系统调度控制的任务。在电力工业发展的初期阶段，集中调度控制曾经发挥了它的重要作用。但是随着电力系统规模的不断扩大，集中调度控制暴露出了许多不足，如运行不经济、技术难度大及可靠性不高等，这种调度机制已不能够满足现代电力系统的发展需要。

根据我国电力系统的实际情况和电力工业体制，电网调度指挥系统分为国家级总调度（简称国调）、大区级调度（简称网调）、省级调度（简称省调）、地区级调度（简称地调）和县级调度（简称县调）五级，形成了五级调度分工协调进行指挥控制的电力系统运行体制。

1. 国家级调度

国家级调度通过计算机数据通信网与各大区电网控制中心相连，协调、确定大区电网间的联络线潮流和运行方式，监视、统计和分析全国电网运行情况。其主要任务包括：

（1）在线搜集各大区电网和有关省网的信息，监视大区电网的重要监测点工况及全国电网运行概况，并做统计分析和生产报表。

（2）进行大区互连系统的潮流、稳定、短路电流及经济运行计算，通过计算机数据通信校核计算结果的正确性。

（3）处理有关信息，做中期、长期安全经济运行分析。

2. 大区级调度

大区级调度按统一调度分级管理的原则，负责跨省大电网的超高压线路的安全运行并按规定的发用电计划及监控原则进行管理，提高电能质量和运行水平。

其具体任务包括：

（1）实现电网的数据搜集和监控、调度以及有实用效益的安全分析。

（2）进行负荷预测，制订开停机计划和水火电经济调度的日分配计划，闭环或开环地指导自动发电控制。

（3）省（市）间和有关大区电网的供受电量计划编制和分析。

（4）进行潮流、稳定、短路电流及离线或在线的经济运行分析计算，通过计算机数据通信校核各种分析计算的正确性并上报、下传。

（5）进行大区电网继电保护定值计算及其调整试验。

（6）大区电网中系统性事故的处理。

（7）大区电网系统性的检修计划安排。

（8）统计报表及其他业务。

3. 省级调度

省级调度按统一调度、分级管理的原则，负责省内电网的安全运行并按照规定的发电计划及监控原则进行管理，提高电能质量和运行水平。

其具体任务包括：

（1）实现电网的数据搜集和监控，经济调度以及有实用效益的安全分析。

（2）进行负荷预测，制订开停机计划和水火电经济调度的日分配计划，闭环或开环地指导自动发电控制。

（3）地区间和有关省网的供受电量计划的编制和分析。

（4）进行潮流、稳定、短路电流及离线或在线的经济运行分析计算，通过计算机数据通信校核各种分析计算的正确性并上报、下传。

4. 地区调度

其具体任务包括：

（1）实现所辖地区的安全监控。

（2）实施所辖有关站点（直接站点和集控站点）的开关远方操作，变压器分接头调节，电力电容器投切等。

（3）所辖地区的用电负荷管理及负荷控制。

5. 县级调度

县级调度主要监控 110kV 及以下农村电网的运行，其主要任务包括：

（1）指挥系统的运行和倒闸操作。

（2）充分发挥本系统的发供电设备能力，保证系统的安全运行和对用户连续供电。

（3）合理安排运行方式，在保证电能质量的前提下，使本系统在最佳方式下运行。

电力系统的分层（多级）调度虽然与行政隶属关系的结构相类似，但却是由电能生产过程的内部特点所决定的。一般来说，高压网络传送的功率大，影响着该系统的全局。如果高压网络发生了事故，有关的低压网络肯定会受到很大的影响，致使正常的供电受到影响；反过来则不一样，如果故障只发生在低压网络，高压网络则受影响较小，不致影响系统的全局。这就是分级调度较为合理的技术原因。从网络结构上看，低压网络，特别是城市供电网络，往往线路繁多，构图复杂，高压网络则线路反而少些；但是调度电力系统却总是对高压网络运行状态的分析与控制倍加注意，对其运行数据与信息的搜集与处理、运行方式的分析与监视等都做得十分严谨。

随着电网的规模不断扩大，当主干系统发生事故时，无论系统本身的状况、事故的后果以及预防事故的措施，都会变得很复杂。如果对系统事故后的处理不当，其影响的范围将是非常广泛的。鉴于这种情况，必须从保证供电可靠性的观点来讨论目前系统调度的自动化问题。

为保证供电的可靠性，对全部系统设备采用一定的冗余设计，这虽然是一种有效的方法，但存在着经济方面的问题。因此，迄今防止事故蔓延的主要方法仍是借助继电保护装置进行保护，以及从系统调度自动化方面采取一些措施。其基本原则是，为了防止事故蔓延，不单是依靠继电保护装置，而是平时就要对事故有相应的准备，一旦发生事故，则可尽快实现系统工作的恢复。

二、调度自动化系统的功能组成

（一）电力系统调度自动化系统的功能概述

从自动控制理论的角度看，电力系统属于复杂系统，又称大系统，而且是大面积分布的复杂系统。复杂系统的控制问题之一是要寻求对全系统的最优解，所以电力系统运行的经济性是指对全系统进行统一控制后的经济运行。此外，安全水平是电力系统调度的首要问题，对一些会使整个系统受到严重危害的局部故障，必须从调度方案的角度进行预防、处理，从而确定当时的运行方式。由此可见，电力系统是必须进行统一调度的。但是，现代电力系统的一个特点是分布十分辽阔，大者达千余公里，小的也有百多公里；对象多而分散，在其周围千余公里内，布满了发电厂与变电所，输电线路形成网络。要对这样复杂而辽阔的系统进行统一调度，就不能平等地对待它的每一个装置或对象。图中的每个双向箭头表示实现统一调度时的必要信息的双向交换。这些信息包括电压、电流、有功功率等的测量读值，开关与重要保护的状态信号，调节器的整定值，开关状态改变等及其他控制信息。

测量读值与运行状态信号这类信息一般由下层往上层传送，而控制信息是由调度中心发出，控制所管辖范围内电厂、变电所内的设备。这类控制信息大都是全系统运行的安全水平与经济性所必需的。

由此可见，在电力系统调度自动化的控制系统中，调度中心计算机必须具有两个功能：其一是与所属电厂及省级调度等进行测量读值、状态信息及控制信号的远距离、高可靠性的双向交换；另一是本身应具有的协调功能。调度自动化的系统按其功能的不同，分为数据采集和监控系统以及能量管理系统。

国家调度的调度自动化系统为能量管理系统，其中的监控子系统完成对广阔地区所属的厂、网进行实时数据的采集、监视和控制功能，以形成调度中心对全系统运行状态的实时监控功能；同时又向执行协调功能的子系统提供数据，形成数据库，必要时还可人工输入有关资料，以利于计算与分析，形成协调功能。协调后的控制信息，再经由监控系统发送至有关网、厂，形成对具体设备的协调控制。

（二）监控/能量管理系统的子系统划分

1. 支撑平台子系统

支撑平台是整个系统最重要的基础，有一个好的支撑平台，才能真正地实现全系统统一平台，数据共享。支撑平台子系统包括数据库管理、网络管理、图形管理、报表管理、系统运行管理等。

2. 监控子系统

具体包括数据采集、数据传输及处理、计算与控制、人机界面及告警处理等。

3. 高级应用软件子系统

包括网络建模、网络拓扑、状态估计、在线潮流、静态安全分析、无功优化、故障分析及短期负荷预报等一系列高级应用软件。

4. 调度员仿真培训系统

包括电网仿真，监控 / 能量管理系统仿真和教员控制机三部分。调度员仿真培训与实时监控 / 能量管理系统共处于一个局域网上。调度员仿真培训系统本身由 2 台工作站组成，一台充当电网仿真和教员机，另一台用来仿真监控 / 能量管理和兼作学员机。

三、电力系统安全分析与安全控制

（一）电力系统的运行状态与安全控制

电力系统的安全控制与电力系统的运行状态是相关的。电力系统的运行状态可以用一组包含电力系统状态变量（如各节点的电压幅值和相位角）、运行参数（如各节点的注入有功功率）和结构参数（网络连接和元件参数）的微分方程组描述。方程组要满足有功功率和无功功率必须平衡的等式约束条件，以及系统正常运行时某些参数（母线电压、发电机出力和线路潮流等）必须在安全允许的限值以内的不等约束条件。

1. 电力系统的运行状态

电力系统的运行状态一般可划分为以下四种：

（1）正常运行状态。

（2）警戒状态。

（3）紧急状态。

（4）恢复状态。

2. 电力系统安全性内容

电力系统在运行中始终把安全作为最重要的目标，就是要避免发生事故，保证电力系统能以质量合格的电能充分地对用户连续供电。在电力系统中，干扰和事故是不可避免的，不存在一个绝对安全的电力系统。重要的是要尽量减少发生事故的概率，在出现事故以后，依靠电力系统本身的能力、继电保护和自动装置的作用和运行人员的正确控制操作，使事故得到及时处理，尽量减小事故的范围及所带来的损失和影响。通常把电力系统本身的抗干扰能力、继电保护、自动装置的作用和调度运行人员的正确控制操作，称为电力系统安全运行的三道防线。

因此，电力系统安全性主要包括两个方面的内容。

（1）电力系统突然发生扰动时不间断地向用户提供电力和电量的能力。

（2）电力系统的整体性，即电力系统维持联合运行的能力。

3. 电力系统安全控制的主要任务

电力系统安全控制的主要任务包括：对各种设备运行状态的连续监视；对能够导致事故发生的参数越限等异常情况及时报警并进行相应调整控制；发生事故时进行快速检测和有效隔离，以及事故时的紧急状态控制和事故后恢复控制等。其可以分为以下几个层次：

（1）安全监视。安全监视是对电力系统的实时运行参数（频率、电压和功率潮流等）以及断路器、隔离开关等的状态进行监视。当出现参数越限和开关变位时即进行报警，由运行人员进行适当的调整和操作。

（2）安全分析。安全分析包括静态安全分析和动态安全分析。静态安全分析只考虑假想事故后稳定运行状态的安全性，不考虑当前的运行状态向事故后稳态运行状态的动态转移。动态安全分析则是对事故动态过程的分析，着眼于系统在假想事故中有无失去稳定的危险。

（3）安全控制。安全控制是为保证电力系统安全运行所进行的调节、校正和控制。

（二）静态安全分析

一个正常运行的电网常常存在许多危险因素。要使调度运行人员预先清楚地了解到这些危险并非易事，目前可以应用的有效工具就是在线静态安全分析程序。通过静态安全分析，可以发现当前是否处于警戒状态。

1. 预想故障分析

预想故障分析是对一组可能发生的假想故障进行在线的计算分析，校核这些故障后电力系统稳定运行方式的安全性，判断出各种故障对电力系统安全运行的危害程度。

预想故障分析可分为三部分：故障定义、故障筛选和故障分析。

（1）故障定义。通过故障定义可以建立预想故障的集合。一个运行中的电力系统，假想其中任意一个主要元件损坏或任意一台开关跳闸都是一次故障。预想故障集合主要包括以下各种开断故障：①单一线路开断；②两条以上线路同时开断；③变电所回路开断；④发电机回路开断；⑤负荷出线开断；⑥上述各种情况的组合。

（2）故障筛选。预想故障数量可能比较多，应当把这些故障按其对电网的危害程度进行筛选和排队，然后再由计算机按此队列逐个进行快速仿真潮流计算。

首先需要选定一个系统性能指标（如全网各支路运行值与其额定值之比的加权平方和）作为衡量故障严重程度的尺度。当在某种预想故障条件下系统性能指标超过了预先设定的门槛值时，该故障即应保留，否则即可舍弃。计算出来的系统指标数值可作为排队依据。这样处理后就得到了一张以最严重的故障开头的为数不多的预想故障顺序表。

（3）故障分析（快速潮流计算）。故障分析是对预想故障集合里的故障进行快速仿真潮流计算，以确定故障后的系统潮流分布及其危害程度。仿真计算时依据的网络模型，除了假定的开断元件外，其他部分则与当前运行系统完全相同。各节点的注入功率采用经过状态估计处理的当前值（也可用由负荷预测程序提供的 15 ~ 30min 后的预测值）。每次计算的结果用预先确定的安全约束条件进行校核，如果某一故障使约束条件不能满足，则向运行人员发出报警（宣布进入警戒状态）并显示出分析结果，也可以提供一些可行的校正措施，例如重新分配各发电机组出力，对负荷进行适当控制等，供调度人员选择实施，以消除安全隐患。

2. 快速潮流计算方法

仿真计算所采用的算法有直流潮流法、分解法和等值网络法等。相关算法请查阅电力系统分析等课程的相关内容。

安全分析的重点是系统中较为薄弱的负荷中心。而远离负荷中心的局部网络在安全分析中所起的作用较小，因此在安全分析中可以把系统分为两部分：待研究系统和外部系统。待研究系统就是指感兴趣的区域，也就是要求详细计算模拟的电网部分。而外部系统则指不需要详细计算的部分。安全分析时要保留“待研究系统”的网络结构，而将“外部系统”化简为少量的节点和支路。实践经验表明，外部系统的节点数和线路数远多于待研究系统，所以等值网络法可以大大降低安全分析中导纳矩阵的阶数和状态变量的维数，从而使计算过程大为简化。

（三）动态安全分析

稳定性事故是涉及电力系统全局的重大事故。正常运行中的电力系统是否会因为一个突然发生的事故而导致失去稳定，这个问题是十分重要的。校核假想事故后电力系统是否能保持稳定运行的离线稳定计算，一般采用数值积分法，逐时段地求解描述电力系统运行状态的微分方程组，得到动态过程中各状态变量随时间变化的规律，并以此来判别电力系统的稳定性。这种方法计算工作量很大，无法满足实施预防性控制的实时性要求。因此要寻找一种快速的稳定性判别方法。到目前为止，还没有很成熟的算法。

1. 模式识别法

模式识别法是建立在对电力系统各种运行方式的假想事故离线模拟计算的基础上的，需要事先对各种不同运行方式和故障种类进行稳定计算。然后选取少数几个表征电力系统运行的状态变量（一般是节点电压和相角），构成稳定判别式。稳定分析时，将在线实测的运行参数代入稳定判别式，根据判别式的结果来判断系统是否稳定。

2. 扩展等面积法

扩展等面积法（extended equd-area criteron，EEAC）是一种暂态稳定快速定量计算方法，已开发出商品软件，并已应用于国内外电力系统的多项工程实践中。

该方法分为静态 EEAC、动态 EEAC 和集成 EEAC 三个部分（步骤），构成一个有机集成体。利用 EEAC 理论，发现了许多与常规控制理念不相符合的“负控制效应”现象。例如，切除失稳的部分机组、动态制动、单相开断、自动重合闸、快关汽门、切负荷、快速励磁等经典控制手段，在一定条件下，却会使系统更加趋于不稳定。

静态 EEAC 采用“在线预算，实时匹配”的控制策略。整个系统分为在线预决策子系统和实时匹配控制子系统两大部分。前者根据电网当前的运行工况，定期刷新后者的决策表，后者根据该表实施控制。实时匹配控制子系统安装在电力系统中有关的发电厂和变电所，监测系统的运行状态，判断本厂，所出线、主变压器、母线的故障状态。它在系统发生故障时，根据判断出的故障类型，迅速从存放在装置内的决策表中查找控制措施，并通过执行装置进行切机、快关、切负荷、解列等稳定控制。在线预决策子系统根据电力系统当前运行工况，搜索最优稳定控制策略。这类方案的精髓是一个快速、强壮的在线定量分析方法和相应的灵敏度分析方法。对这些方法的速度要求，比对离线分析方案的要求高得多，但比对实时计算的要求低很多，完全在 EEAC 的技术能力之内。

四、调度自动化系统的性能指标

调度自动化系统必须保证其可靠性、实时性和准确性，才能保证调度中心及时了解电力系统的运行状态并做出正确的控制决策。

（一）可靠性

调度自动化系统的可靠性由运动系统的可靠性和计算机系统的可靠性来保证。它包括设备的可靠性和数据传输的可靠性。

系统或设备的可靠性是指系统或设备在一定时间内和一定条件下完成所要求功能的能力。通常以平均无故障工作时间来衡量。平均无故障工作时间指系统或设备在规定寿命期限内，在规定条件下，相邻失效之间的持续时间的平均值，也就是平均故障间隔时间。

可靠性也可以说明系统或设备的可靠程度。可靠性是在任何给定时刻，一个系统或设备可以完成所要求功能的能力。

对调度自动化系统的各个组成部分进行运行统计时，还可以用远动装置、计算机设备月运行率，远动系统、计算机系统月运行率，调度自动化系统月平均运行率等技术指标。

（二）实时性

电力系统运行的变化过程十分短暂，所以调度中心对电力系统运行信息的实时性要求很高。

远动系统的实时性指标可以用传达时间来表示。远动传送时间是指从发送站的外围设备输入远动设备的时刻起，至信号从接收站的远动设备输出外围设备止所经历的时间。远动传送时间包括远动发送站的信号变换、编码等时延，传输通道的信号时延以及远动接收站的信号反变换、译码和校验等时延。它不包括外围设备，如中间继电器、信号灯和显示仪表等的响应时间。

平均传送时间是指远动系统的各种输入信号在各种情况下传输时间的平均值。如果输入信号在最不利的传送时刻送入远动传输设备，此时的传送时间为最长传送时间。

调度自动化系统的实时性可以用总传送时间、总响应时间来说明。

总传送时间是从发送站事件发生起到接收站显示为止事件信息经历的时间。总传送时间包括输入发送站的外围设备的时延和接收站的相应外围输出设备产生的时延。

总响应时间是从发送站的事件启动开始，至收到接收站发送响应为止之间的时间间隔。比如遥测全系统扫描时间，开关量变位传送至主站的时间，遥测量越死区的传送时间、控制命令和遥调命令的响应时间，画面响应时间，画面刷新时间等，都是表征调度自动化系统实时性的指标。

（三）准确性

调度自动化系统中传送的各种量值要经过许多变换过程，比如遥测量需要经过变送器等。在这些变换过程中必然会产生误差。另外，数据在传输时由于噪声干扰也会引起误差，从而影响数据的准确性。数据的准确性可以用总准确度、正确率、合格率等进行衡量。遥测值的误差可以用总准确度来说明。总准确度是总误差对标称值的百分比，即偏差对满刻度的百分比。

第二节　电网调度自动化系统分层控制

电网调度自动化系统由电力系统中的各个监控与调度自动化装置的硬件和软件组成，按其分布特点与实现的功能又可以分成一定的层次，而其高一级的功能往往建立在一定的基础功能之上。

一、变电站自动化

（一）变电站概述

变电站是电力系统中的一个重要组成部分，其实现综合自动化是电网调度自动化得以完善的重要方面。变电站综合自动化采用分布式系统结构、组网方式、分层控制，其基本功能是通过分布于各电气设备的远动终端对运行参数与设备状态的数字化采集处理、继电保护微机化、监控计算机与各远动终端和继电保护装置的通信，完成对变电站运行的综合控制，完成遥测和遥信数据的远传，实现控制中心对变电站电气设备的遥控及遥调，实现变电站的无人值守。对于传统的变电站无人值班的改造，则是考虑从经济的角度出发，在保留原有的基本设备的前提下，通过对控制回路、信号回路以及模拟远动装置数字化的改造，实现对变电站的遥测、遥信、遥控及遥调。

变电站自动化系统是利用多台微型计算机和大规模集成电路组成的自动化系统，它代替了常规的测量和监视仪表、常规控制屏、中央信号系统和远动屏，用计算机保护代替常规的继电保护，实现系统的网络化。变电站自动化系统一方面实现了二次设备的智能化和计算机化，提供强大的数据通信接口；另一方面可以采集到比较全面的数据和信息，并且可方便地监视和控制变电站内的各种设备。

变电站自动化的内容应包括以下几个方面：

（1）电气量的采集和电气设备（如断路器）的状态监视、控制和调节。

（2）实现变电站正常运行的监视和操作，保证变电站正常运行和安全。

（3）发生事故时，由继电保护和安全自动装置迅速切除故障设备和完成事故后的恢复操作，并由故障录波器完成瞬态电气量的采集和监视。

仅从变电站自动化的构成和所完成的功能来看，它将变电站的监视控制、继电保护、自动控制装置和远动等所完成的功能组合在一起，通过计算机硬件、模块化软件和数据通信网构成了一个完整的系统。现从以下几个方面简单介绍其功能：

（二）继电保护的功能

计算机继电保护主要包括输电线路保护、电力变压器保护、母线保护、电容器保护以及小电流接地系统自动选线、自动重合闸等。继电保护在电力系统运行中，起到实时隔离故障设备的作用，除了基本的功能外，还需要具备以下额外的功能：

（1）继电保护的通信功能。综合自动化系统中的继电保护对监控系统而言是相对独立的，因此应具有与监控系统通信的功能。继电保护能主动上传保护动作时间、动作性质、动作值及动作名称，并按控制命令上传当前的保护定值和修改定值的返校信息。

（2）与系统统一对时功能。时间的精确和统一在电网运行中显得十分重要，尤其当继电保护动作时，只有借助统一的时间才能根据各套继电保护动作的先后顺序正确分析电网发生事故的原因。

（3）设置保护管理机或通信管理机，负责对保护单元的管理。保护管理机起到承上启下的作用，它把保护子系统与监控系统联系起来，向下负责管理和监控保护子系统中各单元的工作状态，并下达调度或监控系统发来的保护类型配置或整定值修改信息。若发现某一保护单元故障或工作异常，或保护动作的信息，则负责上传给监控系统或上传至远方调度中心。保护管理机隔开了保护单元与监控系统的直接联系，可以减少相互间的影响和干扰，有利于提高保护系统的可靠性。

（4）故障自诊断、自闭锁和自恢复功能。每个保护单元应有完善的故障自诊断功能。发现装置内部有故障时，能自动报警，并给出明确故障部位，以利于查找故障和缩短维修时间。对于关键部位故障，如 A/D 转换器故障或存储故障，则应自动闭锁保护出口。如果是软件受干扰，造成程序出错，应有自启动功能，以提高保护装置的可靠性。

（三）监视控制的功能

变电站自动化取代了常规的测量系统，如变送器、录波器、指针式仪表等；改变了常规的操作机构，如操作盘、模拟盘、手动同期及手控无功补偿装置；取代了常规的告警、报警装置，如中央信号系统、光字盘等；取代了常规的电磁式和机械式防误闭锁装置等。下面介绍其主要功能：

（1）实时数据的采集与处理。采集变电站电力运行的实时数据和设备运行状态，包括各种状态量、模拟量、脉冲量和保护信号。

（2）运行监视功能。所谓运行监视，主要是指变电站的运行工况和设备状态进行自动监视，即对变电站各种状态量变位情况的监视和模拟量的数值监视。通过状态量变位的监视，可监视变电站各种断路器、隔离开关、接地开关、变压器分接头的位置和动作情况，继电保护和自动装置的动作情况以及它们的动作顺序等。

（3）故障测距和录波功能。110kV及以上的重要输电线路距离长，发生故障影响大，当输电线路故障时必须尽快查出故障点，以便缩短维修时间，尽快恢复供电，减小损失。设置故障录波和故障测距是解决此问题的最佳途径。故障测距和录波装置能自动采集和存储电力系统故障信息，继电保护装置、开关等动作行为，并计算出电压电流的有效值，打印电压电流的波形、开关量动作顺序、发生故障时间及故障类型的信息。

（4）事故顺序记录与事故追忆功能。事故顺序记录就是对变电站内的继电保护、自动装置、断路器等在事故时动作的先后顺序自动记录。记录事件发生的时间应精确到ms级。事故追忆是指对变电站内的一些主要模拟量，如线路、主变压器各侧的电流、有功功率、主要母线电压等，在事故前后一段时间内做连续测量记录。

（5）控制与安全操作闭锁功能。变电站自动化系统一般提供控制与安全操作闭锁功能。所有的操作控制均能实现就地和远方控制，就地和远方切换相互闭锁，自动和手动相互闭锁。并通过软硬件实现“五防”功能。“五防”功能是指防止带负荷拉、合隔离开关，防止误入带电间隔，防止误分、合断路器，防止带电挂接地线，防止带地线合隔离开关。

（6）谐波的分析和监视功能。波形畸变、电压闪变和三相交流电力系统及供电系统中三相电压或电流的不平衡是影响电能质量的重要因素。随着电子技术的发展和广泛应用，电力系统中的谐波对电力设备、电力用户和通信线路等的有害影响已十分严重。因此，在变电站自动化系统中，要重视对谐波含量的分析和监视。

（7）其他功能。其他功能主要包括数据处理与记录功能、人机联系功能、打印功能及运行的技术管理功能等。这些功能是选配的，配置了当地监控功能的中、大型变电站需要具备这些功能。

(四)自动控制装置功能

自动控制装置是保证变电站甚至系统安全、可靠供电的重要装置。典型的变电站自动化系统配置的自动装置有无功和电压自动控制装置、低频减载装置、备用电源自投装置、小电流接地系统选线装置等。

(1)无功和电压自动控制。变电站无功和电压自动控制是利用有载调压变压器和无功补偿电容器及电抗器进行局部电压及无功补偿的自动调节，使负荷侧母线电压在规定范围内，并使主变高压侧的无功分布在一个合理范围。该类自动控制装置一般采用 9 区图或 17 区图的控制原理运行。

(2)自动低频减载。电力系统运行规程规定：电力系统在正常运行情况下允许频率偏差为 ±0.2Hz；事故情况下，不能较长时间停留在 47Hz 以下；系统频率瞬时值不能低于 45Hz，在系统发生故障、有功功率严重缺额、频率下降时，需要有计划、按次序切除负荷，并保证切除负荷量合适，这是低频减载的任务。

低频减载一般有两种实现方法。

①采用专用的低频减载装置。该装置进行测频并按设置的轮次出口动作，出口继电器接到每条线路的开关上。

②分散到每条线路的保护装置中。现有计算机保护一般一条线路一套保护，在保护中加设测频环节，将低频减载的轮次整定值和延时设置到保护中即可。

(3)备用电源自投控制(简称备自投)。备自投装置是当工作电源故障和其他原因被断开后，能迅速自动地将备用电源或其他正常工作电源投入工作，使工作电源被断开的用户不至于停电的一种自动装置。常见的备自投装置有线路备自投、分段开关备自投、桥备用备自投、变压器备自投等。

(4)小电流接地系统选线。小电流接地系统中发生单相接地时并不会产生大的故障电流，给故障的定位和隔离造成很大困难，所以需要专门的设备来选出接地线路(或母线)及接地相，并予以报警。

(五)运动及数据通信功能

变电站自动化的通信功能包括系统内部的现场级通信和自动化系统与上级调

度的通信两部分。

变电站自动化系统的现场级通信，主要解决自动化系统内部各子系统与上位机（监控主机）以及各子系统间的数据和信息交换问题，它们的通信范围是变电站内部。对于集中组屏的系统，实际是在主控制室内部；对于分散安装的自动化系统，其通信范围扩大至主控室与子系统的安装地（如开关柜）。

变电站自动化系统必须兼有 RTU（远方数据终端，Remote Terminal Unit）的全部功能，应能将所采集的模拟量和状态量信息，以及事件顺序记录等远传至调度中心，同时应能接收调度中心下达的各种操作、控制、修改定值等命令，即完成 RTU 的全部四遥功能（遥信、遥测、遥控和遥调）。

二、主站系统—SCADA 系统

调度自动化主站系统也称控制中心调度自动化系统，它是以计算机为中心的分布式、大规模的软、硬件系统，是调度自动化系统的神经中枢。其核心是软件系统，按应用层次可以划分为操作系统、应用支持平台和应用软件。

SCADA 系统（Supervisory Control And Data Acquisition，数据采集与监视控制）是调度自动化计算机应具有的最基本的功能，即数据采集和监控。

（一）SCADA 系统基本功能

1. 数据采集

SCADA 采集的数据源类型包括：厂站 RTU 传送的数据，如计算机保护整定值和故障录波信息；由上级或兄弟调度中心转发的数据；GPS 时钟。

可以采集的实时信息类型主要有：模拟量，包括有功功率、无功功率、电流、电压、变压器温度、系统频率等；数字量，包括断路器开合位置、主要开关开合信号、事故总信号、变压器抽头位置、计算机保护动作信号、通信载波机运行状态信号等；脉冲量，如脉冲电能量等；电量，智能电能表窗口值；保护定值；标准 GPS 时钟。

SCADA 采集数据的接入方式近年来有较大变化，主要表现在以下几个方面：

（1）远动通信技术。传统的远动通信主要采用串行通信，传输速率低，一般只能达到每秒几万比特，并且不稳定。随着变电站自动化技术的广泛采用，需要采集的数据呈数量级的增加，原来的通信模式已不能满足需要。目前已逐步采用光纤联网技术，传输速率可以达到每秒几十兆比特到上百兆比特。

（2）通道切换方式。厂站端的 RTU 一般采用两个通信通道与调度中心互联，可能是一组模拟通道和一组数字通道，也可能都是模拟通道或数字通道。SCADA 前置系统需要选择其中一个通道的数据，这就涉及通道切换的问题。传统的做法是在 Modem（调制解调器）池后面接一个通道切换柜，由前置机通过判断当前使用的通道的数据误码率的高低来决定是否切换通道。这种模式是采用智能化的 Modem 池，Modem 池由一系列的可编程 Modem 通道板构成。每一个 Modem 通道板可以接两路通道的信号，由 Modem 通道板自己判断两路信号的质量，决定采用哪路信号。前置机接收到的是质量较好的一路信号。

（3）数据接入方式。因为 Modem 池出来的是多路的串口信号，而计算机的串口个数是有限的。这种设备最大的问题是不能热插拔，扩展很不方便。

目前的 SCADA 已全部采用标准的网络设备——终端服务器。终端服务器有两种接口，即若干个串口和一个网络接口。通过串口接入多路串口信号，终端服务器可以把这些串口信号转换成网络信号。终端服务器通过网络接口挂接在前置采集网上，前置机可以把终端服务器上的串口映射成本机虚拟串口，并通过这些虚拟串口与终端服务器进行数据交换。

2. 数据预处理

由于前置机接收到的是经过 RTU 规约转换后的二进制代码，因此需要转换。前置机中的通信程序接收到这种代码后，根据采用的远动规约的种类，首先对代码进行误码分析，然后转换成有意义的工程量，并统计出误码率。

（1）信息显示和报警。将系统运行值和设备状态进行显示、供调度员监视用。当运行值越限或设备状态发生非预定变化时及时向调度员告警。报警方式有报警窗口显示（有最新报警行）、设备或数据闪烁、事故推画面、语音报警、随机打印等。可根据报警的类别设定不同的报警方式。

（2）统计和计算功能。SCADA 系统可以通过人机界面在线定义统计或计算公式。计算可以对某一点数据进行，也可以对一组或多组数据进行。SCADA 系统可实现代数运算、三角函数运算、逻辑运算、电力系统专用函数运算，同时还支持用户定义的函数运算，有用户公式语法校验功能。

（3）调度员遥控遥调操作。调度员利用计算机进行远方切换和远方调整。为了避免误操作，一方面，通过返信校验法检查命令是否正确；另一方面，在画面上开窗口或者在另一屏上显示操作提示信息，按此提示信息一步一步地操作，每步操作结果都在画面上用闪光、变色、变形等给出反映，不符合操作顺序或操作有错则拒绝执行。

（4）事故追忆和事故顺序记录。事故追忆和事故顺序记录主要用于记录系统发生异常情况和事故发生的顺序。

事故追忆保留事故前和事故后若干数据采集周期的部分重要实时数据，如频率、中枢点电压、主干线潮流等。事故顺序记录对事故时各种开关、继电保护、自动装置的状态变化信号按时间顺序排队，并进行记录。主站记录的顺序事故的分辨率应不大于5ms。

（5）网络拓扑动态着色。提供完善的网络拓扑分析功能，可处理任意接线方式的厂站，根据电力系统中开关的开/合状态来确定电气连通关系，确定拓扑岛。能以不同的颜色直观地显示出电力系统各个设备的电气状态，如带电/不带电、电气上是否连通、不同的拓扑岛可用不同的颜色等。

（6）历史数据处理。历史记录数据包括采集数据或人工置数、电网数据或自动化系统数据、计划数据或运算数据。记录的点类型主要有测量数据、状态数据、累计数据、数字数据、报警数据、时间顺序记录数据、继电保护数据、安全装置数据、事故追忆记录和故障录波数据。

（7）调度控制系统的状态监视和控制。调度控制系统包括厂站端RTU、主站主控端计算机系统和运行的主备机及各外设等。

（二）EMS应用软件基本功能

随着电力系统的发展，人们对其管理水平和管理手段都提出了越来越高的要求。EMS（Energy Management System，能量管理系统）应用软件（PAS-Power Advance Software）已经是地区及以上各级调度中心的必备功能。PAS是建立在SCADA采集的全局电网状态上的高级应用。PAS的运行必须基于两个方面的数据和模型：SCADA采集的电网实时状态，包括开关的开合状态和主要电气设备的有功、无功和电压幅值。下面主要介绍主要功能模块的基本情况：

1. 网络拓扑分析和动态着色

网络拓扑分析功能是PAS其他应用功能的基础，被系统中所有模块调用。该模块根据电力系统中开关的开/合状态来确定电气连通关系，确定拓扑岛。

动态着色是根据电网拓扑监视出的设备状态信息，以不同的颜色直观地显示出电力系统各个设备的电气状态，如带电 / 不带电、环路 / 辐射支路、解列岛等。

2. 实时状态估计

状态估计利用量测系统采集的信息估算电力系统的实时运行状态，给出电网中各母线的电压和相角、各线路和变压器的潮流、各母线的负荷和各发电厂的发电机出力。

3. 超短期负荷预测

母线负荷预测是指超短期母线负荷预测（预测一天内的负荷），一方面要预测出全系统的总负荷，又要把全系统各母线负荷预测出来。不可观测区的母线负荷作为实时量测信息的补充可以用于扩大可观测区，或作为外部系统等值的基础数据。

4. 短期负荷预测

短期负荷预测就是利用数学的方法，根据历史的负荷数据、天气历史数据和预报数据，预测未来一天到一周中每天的负荷曲线。它是调度指定发电计划或交易计划的重要依据。

5. 在线潮流和静态安全评定

在线潮流也称调度员潮流，就是利用实时的断面数据，用户可以通过该模块实现电网调度所有操作对系统潮流分布改变的模拟。

要对拟详细研究的系统进行潮流计算和安全分析，一方面要有内部系统的准确的实时潮流；另外，还应有有关外部系统的足够多的信息。外部系统的运行状态有时是无法知道的，通常采用静态等值的方法来模拟。等值网络对内部系统发生的扰动的响应应和原来未等值的真实网络的响应相同。

6. 自动故障选择

系统中的预想事故为数众多，但并非所有事故都会对系统产生严重影响，而对所有可能的预想事故逐一进行安全分析计算难以满足在线应用的要求。自动故障选择根据当前系统的运行状况自动给出哪些事故是重要的，哪些事故是不重要的，以及它们之间相对重要性的信息。在画面上，能清楚地看到不同事故对系统影响的相对严重程度，使调度员把注意力更多地集中到那些可能发生的重要的故障上。

7. 校正对策分析（安全约束调度）

校正对策分析软件可告诉用户，当系统故障造成元件运行越限时，或在基态就已存在越限时，应当采取什么措施（调哪些机组出力或变压器分接头）来缓解以致完全消除故障对系统造成的影响。

8. 灵敏度分析

在潮流研究中，有时我们不但要求进行潮流解，而且要分析某些变量发生变化时，会引起其他变量发生多大的变化，这时就需要进行潮流灵敏度分析。灵敏度分析在电网控制中有着广泛的应用，例如如何有效地控制母线电压、解除支路过载、降低网损等，都需要灵敏度分析工具。

9. 最优潮流

最优潮流是指系统的结构参数和负荷情况都已给定的前提下，调节可以利用的控制变量（如发电机输出功率、可调节分接头挡位、电容 / 电抗器投切）来找到满足所有系统运行约束条件的，并使某一方面的指标（如发电成本或往来损耗）达到最优值下的潮流分布。

10. 在线故障计算与继电保护定值校核

电力系统发生故障是在所难免的。故障以后电力系统中元件上的电流、电压的变化受到故障类型、故障地点、网络结构以及实时潮流等诸多因素的影响，而且可能出现多重故障，因此必须经过计算才能得到。

继电保护定值是根据某些原则整定的。对于某种特定的运行工况，各保护定值之间是否配合、是否满足系统运行的要求，必须经过在线校核才能确定。

11. 静态电压稳定分析功能

随着系统负荷的增加或者受系统中出现的不正常事件的影响，有时系统会出现电压稳定问题。因此，电网运行调度人员应该时刻监视系统的电压稳定情况，了解系统电压稳定的薄弱点，及时采取预防控制措施提高系统整体电压稳定水平，防止电压崩溃事故的发生。

12. 在线动态安全评定功能

电力系统在故障扰动情况下的动态表现是调度或运行人员十分关心的问题。在某种故障时继电保护及自动装置动作后，系统是否会失去稳定，即使不会失去稳定，这种故障情况下系统的稳定裕度怎样，采取何种措施才能提高系统的稳定裕度，这些都是 EMS 要解决的问题。由于系统稳定性与系统运行方式密切相关，而系统接线情况和运行方式以及系统的负荷都是变化的，对于某种特定的运行方式进行的稳定分析不能满足需要，而利用实时数据对当前系统进行稳定分析有重要的实用价值。这些稳定分析可以包括静态稳定性、动态稳定性和暂态稳定性评估。

三、配电网管理系统

配电网管理系统是一种对变电、配电到用电过程进行监视、控制、管理的综合自动化系统，包括配电自动化、地理信息系统、配电网络重构、配电信息管理系统、需方管理等部分。

配电自动化是配电管理系统中最主要的部分，包括变配电站的综合自动化和馈线自动化，其中的数据采集监控系统通过安装于变电站、开闭所的远方终端、安装于线路分段开关的馈线终端、安装在配电变压器的数据终端采集配电网的运行数据和故障数据，通过数据的交换与处理，由通信通道传至控制中心，DSCADA 对搜集的数据进行综合分析，对当前配电网的运行状态进行判断，相应发出维护配电网安全运行的控制操作。

地理信息系统或生产管理系统是一种人机交互系统，通过基于地理信息的配电网运行状态的拓扑网络着色显示，为调度人员提供实时、直观的运行信息内容。同时，还能实现配电网的电气设备的管理、寻找和排除设备故障、统计与维修计划等服务。

配电网重构、电压 / 无功优化等计算机软件通过分析与计算为调度人员提供配电网运行控制建议，使供电可靠性、安全性、经济性得以提高，使配电网运行结构优化，降低网损，改善电压质量等。

配电信息管理系统不同于人们日常所称的部门、人员信息管理系统，配电信息管理系统的管理对象为配电网运行数据历年数据库、用户设备及负荷变动，进行业扩、供电方式与路径、统计分析等数据显示与建议。

需方管理提供电力供需双方对用电市场进行共同管理的手段，内容包括供电合同下的负荷监控、削峰和降压减载、远方抄表、用户自发电管理等，以达到提高供电质量与可靠性，减少能源消耗及供需双方的供用电费用支出的目的。

第三节 电力系统调度自动化攻略

一、自动发电控制

自动发电控制功能是以功能为基础而实现的功能。对于独立运行的省网或大区统一电网，功能的目标是自动控制网内各发电机组的出力，以保持电网频率为额定值。对跨省的互联电网，各控制区域（相当于省网）的功能目标是既要求承担互联电网的部分调频任务，以共同保持电网频率为额定值，又要保持其联络线交换功率为规定值，即采用联络线偏移控制的方式。

联合电力系统可以采用全系统统一调频的方案，也可以采用各子系统分别调频的方案。前者需要的信息量大，实现起来十分困难。后者认为各区域系统有功率各自平衡。在一段时间内，联络线交换功率保持不变，子系统内负荷的变化由本系统内发电机出力的变化来平衡。这种方式只需要本子系统内的信息和联络线功率信息，不需要别的子系统内的信息，容易实现。

（一）联合电力系统的自动调频特性分析

联络电力系统中，尽管子系统只对本系统的频率变化进行调整，但实际系统是互联的，频率同步变化，全系统为同一频率。

在自己的分区里，只要监视系统频率的变化和交换功率的变化，就可实现分区调频的目的。因此，互联电力系统中控制基本原则是在保证系统频率质量的前提下，执行区域间的功率交换计划，每个区域负责处理本区域所发生的负荷扰动，并在紧急情况下给相邻区域以临时性的功率支持。

（二）互联电力系统的控制区域和区域控制偏差

（1）电力系统的控制区。控制区是指通过联络线与外部相连的电力系统。在控制区之间联络线的公共边界点上，均安装了计量表计，用来测量并控制各区之间的功率及电量交换。计量表计采用不同的符号分送两侧，以有功功率送出为正，送进为负。

电力系统的控制区可以通过控制区内发电机组的有功功率和无功功率来维持与其他控制区联络线的交换计划，并且维持系统的频率及电压在给定的范围之内，维持系统一定的安全裕度。

（2）区域控制偏差。电力系统的控制区是以区域的负荷与发电来进行平衡的。对一个孤立的控制区，当其发电能力小于其负荷需求时，系统的频率就会下降；反之，系统的频率就会上升。

区域控制偏差是根据电力系统当前的负荷、发电功率和频率等因素形成的偏差值，它反映了区域内的发电与负荷的平衡情况，由联络线交换功率与计划的偏差和系统频率域目标频率偏差两部分组成。

（三）互联电力系统多区域控制策略的应用与配合

互联电力系统进行负荷频率控制的基本原则是在给定的联络线交换功率条件下，各个控制区域负责处理本区域发生的负荷扰动。只有在紧急情况下，才给予相邻系统以临时性的事故支援，并在控制过程中得到最佳的动态性能。

互联电力系统的负荷频率控制是通过调节各控制区内发电机组的有功功率来保持区域控制偏差在规定的范围之内的。

（四）多区域的优化控制

电力系统的容量不断增加，互联规模不断扩大，管理层次增多，特别是电力工业体制改革和电力市场的发展对 AGC（Automatic Generation Control）控制策略提出了新的课题。在新的工业结构下，从全面实现电力系统安全、优质、经济运行的目标出发，各国电力系统对 AGC 控制策略进行了大量的探索，创造了一些新的控制模式。

1. 分层的 AGC 控制模式

在一个独立的交流互联电力系统中，由一个控制中心负责整个电力系统频率控制的协调；但系统内的发电机组由数个分控制中心控制，各分控制中心所控制的区域之间联络线的潮流是允许自由流动的（无联络线交换计划）。在这种情况下，AGC 方式应是分层的定频率（FFC）控制，即由控制中心根据电力系统频率的变化，采用分层的频率控制方法，向各分层控制中心发出调节发电输出功率的指令，而由分控制中心执行对发电机组的控制。分层频率控制的具体方法有通过法和等值机法。

（1）通过法。控制中心在其 EMS 中计算所有参与 AGC 调节的发电机组的控制指令，并将分控制中心控制的发电机组指令发送给各分控制中心，然后由分控制中心将指令发送给发电机组。

（2）等值机法。控制中心将每个分控制中心控制的参与 AGC 调节的发电机组容量作为一台等值发电机组看待，将其计算出的对等值机组的控制指令发送给分控制中心，然后由分控制中心计算 AGC，进行再分配，并将控制指令发送给由其控制的发电机组。

2. 互联电力系统的 AGC 优化控制方式

在多控制区的互联电力系统中，应当开展 AGC 调节资源的交易，促进资源优化配置。当某控制区的 AGC 可控资源不足或使用不经济时，可以向同一互联电网内的其他控制区购买 AGC 调节资源，从而构成互联的 AGC 控制系统。互联的 AGC 控制方式需要使用动态转移技术，主要控制方法有对跨控制区的发电机组的控制和对互联控制区的控制两种。

（1）动态转移技术。为了将与发电或负荷有关的一部分或全部的电能服务，从一个控制区转移到另一个控制区，需要使用动态转移技术。动态转移技术用电子的方式提供所需的实时监视、遥测、计算机硬件和软件、通信、工程、电能统计和管理等服务。动态转移有伪联络线和动态计划两种形式。

伪联络线是一个实时更新的远方读数，它在 AGC 的 ACE（Area Control Error，区域控制误差）计算公式中被用作联络线潮流，但实际上并不存在物理的联络线和电能计量值。它的积分值可以用于交换的电能统计。

动态计划是一个实时更新的远方读数，它在 AGC 的 ACE 计算公式中被用作交换计划。它的积分值可以用于交换的计划电能统计。

（2）跨控制区的发电机组的控制。向跨控制区的发电机组购买 AGC 调节资源服务，获得资源的控制区对该发电机组的 AGC 可以用以下方式实现：①如果获得资源的控制区与该发电机组所在电厂之间存在直接的通信信道，并且 EMS 具备与该电厂 RTU 进行通信的条件，可以直接采集有关信息，直接进行自动发电控制；②由该发电机组所在的控制区向获得资源的控制区转发 AGC 所需发电机组的有关信息，并将获得资源的控制区发出的 AGC 的控制信号转发给该发电机组。

应当指出，无论以哪种方式进行跨控制区的发电机组自动发电控制，均应通过动态转移技术把出售 AGC 资源的发电机组的发电出力转移给获得资源的控制区，这样，该发电机组出力的变化就能影响获得资源的控制区的 ACE。

（3）对互联控制区的控制。如果向互联电力系统控制区购买的 AGC 调节资源并不明确是由哪些发电机组提供的，对这部分资源的 AGC 控制可以通过以下两种方式实现：

一是等值机法。该方法与分层的 AGC 控制中所述的等值机法相同，获得资源的控制区控制中心将互联控制区提供的 AGC 资源作为一台等值发电机组看待，并将 AGC 中计算出的对等值机组的控制指令发送给提供 AGC 资源的控制区控制中心。这两个控制区通过动态转移技术，即在获得资源控制区的常规 ACE 计算式中加上该控制指令代表的功率，在提供资源的控制区的常规 ACE 计算式中减去该控制指令代表的功率，使获得资源的控制区把对这部分资源引起的 ACE 的调节责任转移给提供资源的控制区。

二是协定补充调节服务法。当一个控制区承担另一控制区的部分或全部调节责任，但又没有改变其联络线交换计划时，两个控制区都应采用统一的方法——动态计划法。在协定补充调节服务法与等值机法的区别在于：在“等值机法”中，提供资源的控制区控制中心从获得资源的控制区控制中心得到的是 AGC 指令，该指令中已考虑所提供的 AGC 资源的可调范围和调节速率；而在协定补充调节服务法中，提供资源的控制区控制中心得到的只是获得资源的控制区的部分或全部 ACE 值，并未考虑所提供的 AGC 资源的可调范围和调节速率。

二、电力系统状态估计

电力系统状态估计就是根据电网模型，结合电网设备的运行和停运实况，基于 SCADA 系统采集的实时量测，剔除其中的不良数据，对母线电压幅值和相角进行最优估算，并且由此计算流经线路或变压器的有功和无功值，对电力系统的准稳态现状形成完整的了解。

根据有冗余的测量值对实际网络的状态进行估计，得出电力系统状态的准确信息，并产生“可靠的数据集”。其主要功能有：网络接线分析，又称网络拓扑；调度员潮流计算，包括三相潮流；状态估计，包括三相状态估计；负荷预报，包括系统负荷预报和母线负荷预报；短路电流计算；电压 / 无功优化等。

状态估计的步骤分别如下：

（1）假设数学模型、系统结构、参数、量测系统配置（位置和类型），假定无结构错误、无参数误差、无不良数据。

（2）可观测性分析，根据目前的网络模型和量测配置情况，确定可以进行状态估计的部分网络。

（3）前置滤波是用简单的方法除去明显大的不良数据。它利用节点功率平衡，超过正常误差极限、开关信息和潮流的一致性、两次采样突变等方法，查出明显大的量测错误。

（4）状态向量的估计计算。

（5）检测不良数据。

（6）辨识、找出不良数据，删除修正之。返回重新进行估计直到没有不良数据为止。

三、安全分析

电力系统的安全性是指在互联系统运行方面的抗干扰性，当系统发生故障时，保证对负荷持续供电的能力。它涉及系统的当前状态和突发性故障，是个时变的问题。

电力系统的安全评估存在确定性方法和不确定性方法（概率方法）两种形式。长期以来，确定性方法被广泛应用于在线的运行调度和方式安排中；而不确定性方法由于理论上和方法上的限制，往往只在电力系统规划时少量应用。

（一）电力系统运行状况的模型

对于电力系统运行过程可以用一组大规模的非线性方程组和微分方程组以及

不等式约束方程组来描述。其中微分方程组描述电力系统动态元件（如发电机和负荷）及其控制的规律；而非线性方程组用于描述电力网络的电气约束，不等式约束方程组用于描述系统运行的安全约束。

（二）电力系统安全控制功能的总框图

安全控制功能是调度自动化系统中最主要的功能，调度自动化计算机系统中的高级应用软件（应用程序）中，完成跟安全控制有关任务的程序占主要部分。鉴于应用条件尚不成熟，和动态有关的在线安全控制尚处于探索和示范阶段，而目前广泛使用的是和静态有关的在线安全控制。而所谓控制，现在大部分也只能做到开环控制，即计算机的计算结果只能给调度员提供应如何调整控制的信息，真正的控制动作仍需由人来完成，而不是由计算机自动完成。

远动信息进入计算机系统后，经计算机的 SCADA 功能对数据进行处理，通过人机会话功能在显示器上显示开关状态、厂站及系统接线、潮流分布和其他直接由远动设备传递来的实时信息。这些实时信息经网络模型程序处理，产生电网的电气接线图，产生电气节点和可计算网络。经状态估计程序给出系统各节点的电压幅值和相角以及线路上的潮流等信息，这些估计后的信息可用于安全监控，比 SCADA 信息的直接监控可信度要高。另外，外部网络等值程序对外部电网（一般来说远动信息不可用）进行等值，超短期负荷预测程序对于系统中不可观测部分的负荷进行节点负荷预测，这样就可以进行在线潮流计算了。

当系统处于正常状态时，进行安全分析。首先进行预想事故的安全评定，如果对合理的预想事故集，系统仍安全，则系统当前是处于安全正常状态，不需采取任何措施。当某些预想事故系统不安全，则应进行预防控制计算，告诉调度员应采取什么措施可使系统从预警状态进入安全正常状态。如果无解，即系统不能从预警状态回到正常安全状态，或者这样做代价太大，那么调度员也可以不进行预防控制，但计算机应对假想的紧急状态进行校正对策分析计算，告诉调度员当真的发生了预想的事故时应当采取什么措施，这也是一种常用的控制方法，即在没有出现紧急状态时所事先进行的校正控制计算。

当系统处于紧急状态时，应立即采取控制措施。根据状态的严重程度，控制措施可以是改变发电机的出力、改变可调变压器变比或调相机无功、投切并联电抗器或电容器等。若出现系统失去稳定问题，应立即采取措施，例如切负荷、切机、系统解列运行等，否则就有可能使事故扩大，造成系统瓦解。这时的紧急控制对策可以由计算机给出，但更多是由自动装置根据预先制定好的策略表动作或调度人员凭经验及时做出决策。

如果系统已处于待恢复状态，要做的工作就是尽快恢复已停电地区的供电，恢复控制主要是由调度员按运行规程指挥进行。

由于系统的紧急控制和恢复控制目前主要还是由调度员凭经验来做，因此实际上目前在计算机上所进行的主要是静态安全分析，其具体内容包括预想事故的静态安全评定和校正对策分析。当前处于静态紧急状态已有不等式约束不满足，校正对策是要使其返回正常状态。当前处于预警状态的系统，当某预想事故发生时，系统将会进入静态紧急状态。这种情况下的校正对策分析是一种预先进行的校正对策分析，其目的只是告诉调度员如果预想的事故真的发生了，应当采取什么措施。

（三）安全控制对策

（1）灵敏度分析。在电力系统静态安全分析中，经常要研究系统中的某些可控变量的变化所引起系统状态变量或其他控制变量的变化。这虽然可以通过潮流计算来实现，但这样做计算代价太大。常用的比较快速的方法是通过潮流灵敏度分析找出被控变量与控制变量之间的线性关系。这种灵敏度分析方法在对紧急状态的调整、电压控制和其他许多优化问题中都有应用。

（2）准稳态灵敏度。考虑到电力系统运行的实际情况，电力系统中控制元件的调整要满足一定的条件，因此，提出了准稳态灵敏度计算方法。

准稳态灵敏度计算方法考虑了电力系统准稳态的物理响应，弥补了常规方法的缺点，更符合电力系统控制和调整的实际。准稳态的物理响应是指系统在经受操作或扰动后，不计系统暂态过程，但计及系统扰动前后新旧稳态间的总变化。

第四节　电厂发电成本与经济特性

一、发电成本计算

（一）年限平均法

众所周知，发电成本（COE）是由以下三项内容组成的：即电厂总投资的折旧成本（COD）；燃料成本（COF）；运行维护成本（COM）。根据年限平均法的定义可知，单位有效发电量的发电成本为

$$COE_1=\frac{TCR+TCF+TCM}{nE_e}=\frac{TCR+TCF+TCM}{P\times\tau\times(1-\eta_e)\times(1-s)\times n}\text{（元 / MWh）}\quad(3\text{–}1)$$

式中：*TCR* 为电厂总投资费用的现值，其中包括建设期内的贷款利息和价差预备费（元）；*n* 为电厂的经济使用寿命，也就是电厂的折旧年限。国外一般按 30 ~ 35 年计，我国则为 25 ~ 30 年；*TCF* 为 *n* 年内各个时点上年燃料消耗费用折现到建厂初始时点的现值之总和；*TCM* 为 *n* 年内各个时点上年运行维护费用折现到建厂初始时点的现值之总和；E_e 为有效发电量，即电厂的年售电量，（MWh），而 $E_e=P\times S\times(1\text{-}Ge)\times(1\text{-}s)$；其中：*P* 为电厂的装机容量（MW）；$\iota$ 为发电设备的年利用小时数（*h*）；η_e 为厂用电耗率（%）；*s* 为发电机终端到售电结算点之间的线损率，一般取 *s*=3% ~ 7%。倘若售电结算点以电厂围墙为界，则 *s=0*。

显然，年限平均法是把 *n* 年内折现到建厂初始时点的所有费用现值的总和，平均地分摊到 *n* 个折旧年限中去，因而此法又称为直线折旧法。目前，我国企业在做技术经济评价时，习惯于采用年限平均法来计算成本，特别是用以提取总投资资金的折旧费。

（二）等额支付折算法

在这个方法中着重强调在计算发电成本时必须考虑资金的时间价值问题，也就是说，在不同的时间付出或得到同样数额的资金在价值上是不等的，即资金的价值会随时间发生变化。而资金时间价值的计算则可以用银行的复利计算方法来表示。例如，在建电厂时，电厂总投资费用的现值为 *TCR*（元）。经过 *n* 年限后，这笔总投资费用将增值变为 $TCR(1+i)^n$（元）。式中 *i* 就是贴现率。那么，在折旧年限 *n* 年内，折旧回收的资金终值应该等于 $TCR(1+i)^n$。从这个观点出发来研究在 *n* 年内，每年应该提取的折旧成本。假定每年的折旧费都在年末支付，而且每年提取的折旧费用的现值 *A* 都是相等的（这就是所谓的“等额支付”原则），那么，在 *n* 年末总共提取的折旧费用的终值之总和为

$$TCR(1+i)^n=A(1+i)^{n-1}+A(1+i)^{n-2}+\cdots\cdots+A(1+i)+A(n) \quad (3\text{–}2)$$

计算发电成本的关系式为

$$COE_2=\frac{1}{E_e}\left\{TCR+\sum_{n=1}^{n}\left[\frac{CF(n)}{(1+i)^n}\right]+\sum_{n=1}^{n}\left[\frac{CM(n)}{(1+i)^n}\right]\times\psi\right\} \quad (3\text{–}3)$$

式中：*CF*（*n*）表示在 *n* 年内各个时点上电厂的年燃料费用（元）；*CM*（*n*）表示在 *n* 年内各个时点上电厂投运的年运行维护费用（元）；*Ψ* 表示等额支付系列的资金回收系数，$\psi=\frac{i}{1-(1+i)^n}$。

（三）第三种折算方法

第三种折算方法实际上是在等额支付折算法的基础上对其所做的某些修正。从等额支付法关系式中不难看出：在等额支付折算法中，对燃料成本和运行维护成本的处理是与总投资资金的折旧处理完全相同的。实际上，这两者之间是有本质差别的。在建厂的初始年，我们确实把总量为 *TCR* 的总投资费用一次性地（或者分为一年或两年）投入建设中去了，其中很大一部分将体现为固定资产的原值，它们将在 *n* 年内逐渐以折旧成本的形式被提取。可是，对于燃料费用和运行维护费用来说，*TCF* 和 *TCM* 只是 *n* 年内各时点上年燃料消耗费和年运行维护费折现到建厂的初始时点的现值之总和，它们都没有在建厂的初始期一次性地投

入生产（如把 TCF 全部购置燃料储存起来），而是逐年购置燃料和运行维护消耗品，并在当年以燃料成本和运行维护成本的形式被提取回收的。

显然，两种不同性质的资金怎么可以用同一种方法来处理呢？因而，在第三种折算方法中建议：燃料成本和运行维护成本应按 n 年内各时点上年燃料费用的现值和年运行维护费用的现值来计算，而总投资费用的折旧则仍然沿用等额支付折算法所导得的公式来计算。那时第 n 年的单位有效发电量的发电成本可表示为

$$COE_3 = \frac{1}{E_e}\left[TCR \times \psi + CF(n) + CM(n)\right](\text{元/MWh}) \tag{3-4}$$

由此可见，在第三种折算方法中，折旧成本在数量上是逐年等值的，即

$$\frac{A}{E_e} = \frac{1}{E_e}(TCR \times \psi) = const \tag{3-5}$$

二、发电厂有功功率负荷的经济分配

好电力系统中有功功率的分配有两个主要内容，即有功功率电源的最优组合和有功功率负荷的最优分配。

有功功率电源的最优组合是指系统中发电设备或发电厂的合理组合，也就是通常所说的合理开停。

有功功率负荷的最优分配是指系统的有功功率负荷在各个正在运行的发电设备或发电厂之间的合理分配。最常用的是按所谓等耗量微增率准则分配。

（一）耗量特性

反映发电设备（或其组合）单位时间内能量输入和输出关系的曲线，叫作该设备（或组合）的耗量特性。锅炉的输入是燃料，输出是蒸汽；汽轮机组的输入是蒸汽，输出是电功率。整个火电厂的耗量特性为抛物线图，其横坐标为电功率，纵坐标为燃料。

耗量特性曲线上某点的纵坐标和横坐标之比，即输入与输出之比称为比耗量 $\mu=F/P$，其倒数 $\eta=P/F$，表示发电厂的效率。耗量特性曲线上某点切线的斜率称为该点的耗量微增率 $\gamma=dF/dP$，它表示在该点运行时输入增量对输出增量之比。

（二）等微增率准则

由于讨论有功功率负荷最优分配的目的在于：在供应同样大小负荷有功功率$\sum_{i=1}^{i=n} P_{Li}$的前提下，单位时间内的能源消耗最少。这里的目标函数就应该是总耗量，即

$$F_{\Sigma}=F_1(P_{G1})+F_2(P_{G2})+\cdots+F_n(P_{Gn})=\sum_{i=1}^{i=n} F_i P_{Gi} \tag{3-6}$$

式中：F_i（P_{Gi}）表示某发电设备发出有功功率P_{Gi}时单位时间内所需消耗的能源。

这里的等式约束条件也就是有功功率必须保持平衡的条件，即

$$\sum_{i=1}^{i=n} P_{Gi}-\sum_{i=1}^{i=n} P_{Li}-\Delta P_{\Sigma}=0 \tag{3-7}$$

式中：ΔP_{Σ}为网络总损耗。从而不计网络损耗时，式（3–7）可改写为

$$\sum_{i=1}^{i=n} P_{Gi}-\sum_{i=1}^{i=n} P_{Li}=0 \tag{3-8}$$

第五节　输电线路线损分析

一、线损和线损率

发电厂发出来的电能，通过输变电设备和配电设备供给用户使用。电能在电网输送、变压、配电的各个环节中，有一部分损耗，主要表现在电网元件如导线、变压器、开关设备、用电设备发热，电能变成热能散发在周围空气中，另外，还有物理方面的因素造成的电能流失，等等。线损是电能在电力网传输、分

配过程中客观存在的物理现象。

在电力网传输和分配过程中产生的有功功率损失和电能损失统称为线路损失，简称线损。线损率是指线损电量占供电量的百分数，线损率一般分为理论线损率和实际线损率两类。其计算公式分别为

$$理论线损率=\frac{理论线损电量}{供电量}\times100\%=\frac{可变损耗+固定损耗}{供电量}\times100\% \quad (3-9)$$

$$实际线损率=\frac{实际线损电量}{供电量}\times100\%=\frac{供电量-售电量}{供电量}\times100\% \quad (3-10)$$

线损率是电力行业一项重要的经济技术指标，降低线损率是贯彻节约用电的方针政策，是实现经济运行，提高经济效益的主要途径。

二、线损产生的原因与分类

电能在传输过程中产生线损的原因有以下几个方面：

（1）电阻作用：线路的导线、变压器、电动机的绕组，都是铜或者铝材料的导体。当电流通过时，对电流呈现一种阻力，此阻力称为导体的电阻。电能在电力网传输中，必须克服导体的电阻，从而产生了电能损耗，这一损耗见之于导体发热。由于这种损耗是由导体的电阻引起的，因此称为电阻损耗，它与电流的平方成正比，用式子 P=IR 表示。变压器、电动机等绕组中的损耗，又习惯称为铜损。

（2）磁场作用：变压器需要建立并维持交变磁场，才能升压或降压。电动机需要建立并维持旋转磁场，才能运转而带动生产机械做功。电流在电气设备中建立磁场的过程，也就是电磁转换过程。在这一过程中，由于交变磁场的作用，在电气设备的铁芯中产生了磁滞和涡流，使铁芯发热，从而产生了电能损耗。由于这种损耗是在电磁转换过程中产生的，因此称为励磁损耗，它造成铁芯发热，通常又称为铁损。

（3）管理方面的原因：由于供用电管理部门和有关人员管理不够严格，出现漏洞，造成用户违规用电和窃电，电网元件漏电，电能计量装置误差以及抄表人员漏抄、错抄等而引起的电能损失。由于这种损耗无一定规律，又不易测算，故称为不明损耗。不明损耗是供电企业营业过程中产生的，所以又称为营业损耗。

线损的种类可分为统计线损、理论线损、管理线损、经济线损和定额线损等五类。

（1）统计线损。统计线损是根据电能表指数计算出来的，是供电量与售电量的差值。其线损率计算公式为

$$\left[\left(\text{供电量}-\text{售电量}\right)/\text{供电量}\right]\times 100\% \tag{3-11}$$

（2）理论线损。理论线损是根据供电设备的参数和电力网当时的运行方式及潮流分布以及负荷情况，由理论计算得出的线损。

（3）管理线损。管理线损是由于管理方面的因素而产生的损耗电量，它等于统计线损（实际线损）与理论线损的差值。

（4）经济线损。经济线损是对于设备状况固定的线路，理论线损并非为一固定的数值，而是随着供电负荷大小变化而变化的，实际上存在一个最低的线损率，这个最低的线损率称为经济线损，相应的电流称为经济电流。

（5）定额线损。定额线损也称线损指标，是指根据电力网实际线损，结合下一考核期内电网结构、负荷潮流情况以及降损措施安排情况，经过测算，上级批准的线损指标。

三、理论线损的计算

理论线损计算，就是根据电网的结构参数和运行参数，运用电工理论（原理）计算电网中各个组成元件的理论线损电量、理论线损率、各类线损的构成比例、经济负荷电流、最佳线损率的方法。

（一）理论线损计算条件

（1）计量表计齐全，线路出口应装设电压表、电流表、有功电能表、无功电能表等，每台配电变压器二次侧应装设有功电能总表，并要做好这些表计的运行记录。

（2）应绘制网络接线图。网络接线图上应有导线型号配置、连接情况以及各台配电变压器的挂接地点或用电负荷点。

（3）线路结构参数和运行参数齐全。线路的结构参数有导线型号及长度，配

电变压器型号、容量及台数；运行参数有有功供电量、无功供电量、运行时间、各台配变二次侧总表抄见电量、负荷曲线形状系数等，并把这些参数标在网络接线图上。

（二）计算的方法

1. 最大负荷电流、最大负荷损耗时间法

计算公式为

$$\Delta A = 3I_{zd}^2 R_{dz}\tau \times 10^{-3}\ (\text{kWh}) \tag{3-12}$$

式中：I_{zd} 为线路首端最大负荷电流（A）；τ 为最大负荷损耗时间（h）；R_{dz} 为线路总等值电阻（Ω）。

有两种原因造成这种方法精确度较低。

（1）最大负荷电流取自电流表读数，而电流表属于瞬时值指示仪表，准确级别低，且很少做定期校验，再者最大负荷电流不一定恰好出现在抄表那一瞬间，有可能提前或错后，因此，最大负荷电流与实际负荷电流误差较大。

（2）最大负荷损耗时间本身就是一个大概值。

鉴于上述原因，这种方法精度较低，因此适用于电网规划场合。

2. 最大负荷电流、损失因数法

计算公式为

$$\Delta A = 3I_{zd}^2 F R_{dz} T \times 10^{-3}\ (\text{kWh}) \tag{3-13}$$

式中：F 为损失因数；T 为电网运行时间（h）。

由于损失因数是在对当地负荷进行取样测算、综合分析后得到的数值，适用于 35kV 及以上电网的理论线损计算。

第六节 电力系统经济运行

电力系统经济运行的基本要求是，在保证整个系统安全可靠和电能质量符合标准的前提下，努力提高电能生产和输送的效率，尽量降低供电的燃烧消耗或供电成本。

电力网的电能损耗不仅耗费一定的动力资源，而且占用一部分发电设备容量。因此，降低网损是电力企业提高经济效益的一项重要任务。为了降低电力网的能力损耗，可以采取各种技术措施。

一、提高用户的功率因数减小功率损耗

在一条电阻为 R 的输电线上，输送相同有功功率 P，对应于不同的功率因数，产生的有功功率值不同。若功率因数由 $\cos\alpha_1$ 提高到 $\cos\alpha_1$，则线路有功功率损耗下降率为

$$\Delta P_L\% = \left[1-\left(\frac{\cos\alpha_1}{\cos\alpha_2}\right)^2\right]\times 100\% \tag{3-14}$$

例如，当功率因数由 0.7 提高到 0.9 时，线路中功率损耗可减少 39.5%。提高用户的功率因数，首先应提高负荷的自然功率因数，其次是增设无功功率补偿装置。

（1）提高负荷的自然功率因数。负荷的自然功率因数是指未设置任何无功补偿设备时负荷自身的功率因数。

在电力系统负荷中，异步电动机占相当大的比重，是系统中主要需要的无功功率的负荷。它所需无功功率可表示为

$$Q = Q_0 + (Q_N - Q_0)\left(\frac{P}{P_N}\right)^2 = Q_0 + (Q_N - Q_0)\beta^2 \tag{3-15}$$

式中：P_N 为异步电动机额定有功功率；Q_0 为励磁无功功率；Q_N 为异步电机额定负荷（P_N）运行时异步电动机所需的无功功率；P 为电动机的机械负荷；β 为电动机的受载系数。

由式（3–15）可见，异步电动机励磁无功功率 Q_0 与受载系数无关，而式中第二项则与受载系数的平方成正比。在额定无功功率 Q_N 中，Q_0 占 60% ~ 70%，第二项无功功率只占少部分。因此，随着受载系数的降低，异步电动机的功率因数相应降低。若以 $Q_0=0.7Q_N$ 计算，则 β 由 1 下降为 0.5 时，$\cos\alpha$ 由 0.7 下降为 0.54。

根据上面的分析，欲提高负荷的功率因数，首先在选择异步电动机容量时，应尽量接近它所带的机械负荷，避免“大马拉小车”的现象，即电动机长期处于轻负荷下运行，更应避免电动机空载运转。另外，在可能的条件下，大容量的用户尽量使用同步电动机，并使其过励运行，向系统发出无功功率，从而提高负荷的功率因数；如果能对绕线式异步电动机转子绕组通以直流励磁，就可改作同步机运行。此外，变压器也是电力网中消耗无功功率较多的设备，应合理地配置其容量。这些皆为提高负荷自然功率因数的技术措施。

（2）增设无功功率补偿装置。设置无功功率补偿装置，即在变电站低压（6 ~ 10kV 或以下电压）母线上并联调相机或电容器，补偿负荷所需的部分或全部无功功率，以提高设置点用户的功率因数，从而减少网络中输送的无功功率以降低网损。

电力系统的无功功率补偿问题，前文中已从无功平衡、电压调整和经济运行三个不同的角度进行了讨论。一般而言，这三个方面的要求不会相互矛盾，为满足无功平衡而设置的补偿容量，必有助于提高电压水平；为减少网络电压损耗而增添的无功补偿，也必然会降低网损。

二、改变电力网的运行方式（环网的经济功率分布）

在环形网络或两端电压相等的两端供电网络中，功率的分布取决于各线段的阻抗。当环网内功率按各段电阻分布时，电网内有功功率损耗最小。这样的功率分布，称为经济功率分布。容易证明，对于纯电阻网络或各线段的 XR 比值相等的均一网络，功率的自然分布即为有功损耗最小的经济分布；而对于非均一网络，各线段不均一性越大，则功率损耗增加也越大。

但是，可以采取以下措施，将非均一网络自然功率分布变为经济分布，以减少电网功率损耗。采用这些措施的前提是，必须对实际的经济效果以及运行中可能产生的技术问题进行全面论证。

（1）在环形网络中，装设混合型加压调压变压器（也称纵横调压变压器），产生附加电动势及相应的循环功率。适当调节附加电动势的大小和相位，可使功率分布接近于经济分布。

（2）在两端供电网络中，调整两端电源电压，改变循环功率的大小，可使功率分布等于或接近于功率损耗最小的分布。

（3）在网络中对 X/R（平均值 / 极差）比值特别大的线段，进行串联电容器补偿，以改善网络的不均一性。

（4）当以限制短路电流或满足继电保护动作选择性要求为目的，而选择环网开环运行点时，开环地点应尽可能兼顾到使开环后的功率分布产生的功率损耗最小。

三、适当提高高压电力网的运行电压水平

电力网运行时，线路和变压器等电气设备的绝缘所容许的最高工作电压，一般不超过额定电压的 10%。在不超过上述规定的条件下，应尽量提高电网运行电压水平，以降低功率损耗和电能损耗。

变压器在额定电压附近时，其铁芯损耗大致与电压平方成正比。如果提高电力网的运行电压，最好相应地改变变压器的分接头。因为当加在变压器的电压高于变压器分接头的额定电压时，虽然变压器绕组中的铜损减小了，但由于电压的增加，使得变压器磁通密度增加，铁损也相应地增加了，这就降低了节约的效果。通常，对于变压器的铁损在网络总损耗中所占比重小于 50% 的电力网，适当提高电力网的运行电压可以降低网损。电压在 35kV 及以上的电力网基本上属于这种情况。对于变压器铁损所占比重大于 50% 的电力网，情况正好相反，此时宜适当降低运行电压。

四、变压器的经济运行

变压器的经济运行主要是指合理选择变压器容量、合理选择变压器的台数等。为了提高供电的可靠性，变电站通常安装两台同容量的变压器，当然对于一

些枢纽变电站也有安装多台不同容量的变压器的。在装有两台或以上变压器的变电站中，根据负荷的变化适当改变投入运行变压器的台数，可以减少功率损耗。

五、调整用户的负荷曲线

在某一时段内，用户的用电量给定的情况下，调整负荷曲线，减小高峰负荷与低谷负荷的差值，可降低电能损耗。用户的负荷曲线越平稳，网络中电能损耗越小。

六、合理安排检修

对网络设备进行检修，往往改变了并联运行的方式及网络中的功率分布，从而使检修期间功率损耗和电能损耗增大。因此，要合理安排检修计划，尽可能降低检修期间的网络损耗。例如，配合工业用户的设备检修，或利用节假日进行输配电设备的检修，缩短检修时间，以及采用带电作业等。

七、对原有电网进行技术改造

（1）旧电网升压改造。将 3 ~ 6kV 电网升压改造为 10kV 电网；10kV 电网改造为 35kV 电网；35kV 电网改造为 110kV 电网等。

（2）在改建旧电网时，将 110kV 或 220kV 的高电压直接引入负荷中心，简化网络结构，加强主干网架，减少变电层次，使输电网结构合理，运行灵活。这不仅能大量降低网损，而且是适应电力市场竞争需要、扩大供电能力、提高供电可靠性和改善电能质量的有效措施。

（3）对于某些负荷特别重、最大负荷利用小时数又较高的线路，应按经济电流密度校验其截面积。如果导线截面积过小，应考虑予以更换，以降低电能损耗。

第四章　电气工程

第一节　电气系统概述

一、电气工程基础理论

（一）电路及其基本定律

1. 电路的物理量

电路的功能，无论是能量的输送和分配，还是信号的传输和处理，都要通过电压、电流和电功率来实现。因此，在电路分析中，人们所关心的物理量是电流、电压和电功率，在分析和计算电路之前，首先要建立并深刻理解这些物理量及其相互关系的基本概念。

（1）电流：

①电流的大小。电荷的有规则的定向运动就形成了电流。长期以来，人们习惯规定以正电荷运动的方向作为电流的实际方向。

电流的大小用电流强度（简称电流）来表示。电流强度在数值上等于单位时间内通过导线某一截面的电荷量，用符号 i 表示。

电流的单位是安培（简称安），用符号 A 表示；电荷量的单位为库仑（简称库），用符号 C 表示；时间的单位为秒，用符号 S 表示。当电流很小时，常用单位为毫安（mA）或微安（μA）；当电流很大时，常用单位为千安（kA）。

②电流的实际方向与参考方向。电流不但有大小，而且还有方向。在简单电路中，可以直接判断电流的方向。即在电源内部电流由负极流向正极，而在电源外部电流则由正极流向负极，以形成一闭合回路。但在较为复杂的电路中，电流实际方向有时难以判定。

（2）电压：

①电压的大小。电压的方向为电场力做功使正电荷移动的方向。大小和方向都不随时间变化的电压称为恒定电压，简称直流电压，

②电压的实际方向与参考方向。与电流类似，分析、计算电路时，也要预先设定电压的参考方向。同样，所设定的参考方向并不一定就是电压的实际方向。当电压的参考方向与实际方向相同时，电压为正值，当电压的参考方向与实际方向相反时，电压为负值。这样，电压的值有正有负，它也是一个代数量，其正负表示电压的实际方向与参考方向的关系。

（3）电功率与电能。带电粒子在电场力作用下做有规则的运动，形成电流。根据电压的定义，单位时间内电场力所做的功称为电功率，简称为功率。它是描述传送电能速率的一个物理量。

2. 电阻元件及欧姆定律

（1）电阻元件的图形、文字符号。电阻器是具有一定电阻值的元器件，在电路中用于控制电流、电压和放大了的信号等，电阻器通常就叫电阻。

（2）欧姆定律。欧姆定律是电路分析中的重要定律之一，它说明流过线性电阻的电流与该电阻两端电压之间的关系，反映了电阻元件的特性。

欧姆定律指出：在电阻电路中，当电压与电流为关联参考方向，电流的大小与电阻两端的电压成正比，与电阻值成反比。

欧姆定律表达了电路中电压、电流和电阻的关系，它说明：

①如果电阻保持不变，当电压增加时，电流与电压成正比例地增加；当电压减小时，电流与电压成正比例地减小。

②如果电压保持不变，当电阻增加时，电流与电阻成反比例地减小；当电阻减小时，电流与电阻成反比例地增加。

（3）基尔霍夫定律。基尔霍夫定律是电路中电压和电流所遵循的基本规律，是分析计算电路的基础。它包括两个方面的内容，其一是基尔霍夫电流定律，其二是基尔霍夫电压定律。它们与构成电路的元件性质无关，仅与电路的连接方式

有关。

基尔霍夫电流定律是描述电路中任一节点所连接的各支路电流之间的相互约束关系。基尔霍夫电流定律指出：对电路中的任一节点，在任一瞬间，流出或流入该节点电流的代数和为零。

在列写节点电流方程时，各电流变量前的正、负号取决于各电流的参考方向对该节点的关系（是“流入”还是“流出”）；而各电流值的正、负则反映了该电流的实际方向与参考方向的关系（是相同还是相反）。通常规定，对参考方向背离节点的电流取正号，而对参考方向指向节点的电流取负号。

基尔霍夫电压定律不仅适用于电路中的具体回路，还可以推广应用于电路中的任一假想的回路。即在任一瞬间，沿回路绕行方向，电路中假想的回路中各段电压的代数和为零。

（二）电路的基本定理

1. 叠加定理

由线性元件所组成的电路，称为线性电路。叠加定理是线性电路的一个重要定理，应用这一定理，常常使线性电路的分析变得十分方便。

叠加定理指出：在线性电路中，当有多个电源作用时，任一支路电流或电压，可看作由各个电源单独作用时在该支路中产生的电流或电压的代数和。当某一电源单独作用时，其他不作用的电源应置为零（电压源电压为零，电流源电流为零），即电压源用短路代替，电流源用开路代替。

2. 戴维宁定理与诺顿定理

在电路分析中，有时只要研究某一条支路的电压、电流或功率，因此，对所研究的支路而言，电路的其余部分就构成一个有源二端网络。戴维宁定理和诺顿定理说明的就是如何将一个线性有源二端网络等效为一个电源的重要定理。如果将线性有源二端网络等效为电压源的形式，应用的则是戴维宁定理，如果将线性有源二端网络等效为电流源的形式，应用的则是诺顿定理。

（1）戴维宁定理。戴维宁定理指出：任何一个线性有源二端网络，对于外电路而言，可以用一电压源和内电阻相串联的电路模型来代替。

（2）诺顿定理。电压源与电阻的串联组合可以等效变换为电流源与电阻的并联组合。因此，一个线性有源电阻性二端网络既然可以用一电压源与电阻串联组合替代，不难想象，也可以用一电流源与电阻并联组合等效替代。

诺顿定理指出：任何一个线性有源电阻性二端网络，对外电路而言，总可以用一个电流源和一个电阻等效替代，这个电流源的电流等于该网络的短路电流，并联的电阻等于该网络内部的独立电源置零后的等效电阻。这一电流源与电阻的并联电路称为诺顿等效电路。

二、电气工程发展

电气工程是当今高新技术电气工程领域中不可或缺的关键学科。例如正是电子技术的巨大进步才推动了以计算机网络为基础的信息时代的到来，并将改变人类的生活和工作模式。电气工程的发展前景同样很有潜力，使得当今的学生就业率提高。电气工程定义为用于创造产生电气与电子系统的有关学科的总和。电气系统所在领域是一个充满希望且具有挑战性的领域。说电气系统属于工程专业，是因为工程学的挑战在于要设计所有电路系统，并把它们聚类成一个整体。

电子设备要达到所要求的指标，首要的就是配备一个稳定、优越的电源，在一些专业要求更高的系统中，对电源的要求更高。可以说，电源技术的发展和创新将直接推动电器、电力技术的发展，电源技术在电气技术方面起着举足轻重的作用。最方便、最经济的电能是取自电网的交流电，但电子线路需要的常是直流电源，将交流电变换成直流电，对于要求不高的电子产品，可以直接使用。但简单的直流电源的输出电压不稳定，电源电压随着电网电压的变化或负载的变化而变化，这必然会影响电子线路的性能，经整流得到的直流电压，虽经滤波，交流成分仍然较大。所以，在要求高的电子产品中，必须采用直流稳压电源。随着微型计算机特别是单片机的不断发展，其档次不断提高，功能越来越强。它将冲击着人类的方方面面，使其应用领域不断扩大，广泛应用于工业测控、尖端科学、智能仪器仪表、日用家电等领域中。目前，单片机在工业测控领域中已占重要地位。

单片机在智能仪器仪表、机电一体化产品和自动控制系统中应用越来越广，很多老式仪表设备在进行升级换代的改造中都将采用单片机作为首选方案。各电气厂商、机电行业和测控企业都把单片机作为本部门产品更新换代、产品智能化的重要工具。通过比较利用单片机控制系统来完成系统的检测与校正，在完成功能相同的条件下，可大大简化系统的硬件电路、节约大量的资金与原材料，并且采用模块化的硬件电路，既可实现系统的要求，又可提高系统的检修效率。系统的灵活性也大大提高了，总之，广泛地应用微处理器已是时代潮流，因此，用单片微型计算机控制系统能跟上时代潮流。单片机对工业生产的影响是有目共睹的，在单片机技术发展起来的同时，电气行业开始了一场轰轰烈烈的微机革命。其带动了各类家电和仪器仪表的微型化、智能化，现在流行的所谓人性化科技，就是在单片微机的控制上，形成的远程控制、现场总线实时控制等新技术。而电源技术在经历了电气时代的风风雨雨的大半年头后，终于迎来了工业控制技术蓬勃发展的春天，使新型电源的发展有了更广更美好的前景。

电气工程的发展主要受以下三个方面因素的影响：

（1）信息技术的决定性影响。信息技术广泛地定义为包括计算机、世界范围高速宽带计算机网络及通信系统，以及用来传感、处理、存储和显示各种信息等相关支持技术的综合。信息技术对电气工程的发展具有特别大的支配性影响。信息技术持续以指数速度增长在很大程度上取决于电气工程中众多学科领域的持续技术创新。反过来，信息技术的进步又为电气工程领域的技术创新提供了更新更先进的工具基础。

（2）与物理科学的相互交叉面拓宽。由于三极管的发明和大规模集成电路制造技术的发展，固体电子学对电气工程的成长起到了巨大的推动作用。电气工程与物理科学间的紧密联系与交叉仍然是今后电气工程学科的关键，并且将拓宽到生物系统、光子学、微机电系统。

（3）技术的快速发展。技术的飞速进步和分析方法、设计方法的日新月异，使得我们必须每隔几年就要对工程问题的过去解决方案重新全面思考或审查。

第二节 发电厂

发电厂是把各种一次能源（如燃料的化学能、水能、风能等）转换成电能的工厂。电厂所生产的电能，一般要由升压变压器升压后经高压输电线输送，再由变电站降压，最后才能供给各种不同用户使用。

一、火力发电厂

（一）火力发电厂简介

利用固体、液体、气体燃料的化学能来生产电能的工厂称为火力发电厂，简称火电厂。迄今为止，火电厂仍是世界上电能生产的主要方式。在发电设备总装机容量中，火力发电的装机容量占70%以上。我国和世界各国的火电厂所使用的燃料大多以煤炭为主，其他可以使用的燃料还有天然气、燃油（石油）以及工业和生活废料（垃圾）等。其中燃烧垃圾的火电厂有利于环境保护，其发展极为引人关注。

火电厂在将一次能源转换为电能的生产过程中要经过三次能量转换。首先是通过燃烧将燃料的化学能转变为热能，再经过原动机把热能转变为机械能，最后通过发电机将机械能转变为电能。

火电厂分类如下：

（1）按照燃料分类：燃煤发电厂、燃油发电厂、燃气发电厂、余热发电厂。

（2）按输出能源分类：凝汽式发电厂（只向外供应电能）、热电厂（同时向外供应电能和热能）。

（3）按总装机容量分类：小容量发电厂（100MW以下）、中容量发电厂（100～250MW）、大中容量发电厂（250～1000MW）、大容量发电厂（1000MW

及以上)。

(4)按蒸汽压力和温度分类:

中低压发电厂:蒸汽压力 3.92MPa,温度 450℃,单机功率小于 25MW。高压发电厂:蒸汽压力 9.9MPa,温度 540℃,单机功率小于 100MW。超高压发电厂:蒸汽压力 13.83MPa,温度 540℃,单机功率小于 200MW。

亚临界压力发电厂:蒸汽压力 16.77MPa,温度 540℃,单机功率为 300 ~ 1000MW。超临界压力发电厂:蒸汽压力大于 22.11MPa,温度 550℃,机组功率 600~800MW。

(二)火电厂的电能生产过程

1. 凝汽式发电厂

在这类电厂中,锅炉产生蒸汽,经管道送到汽轮机,带动发电机发电。已做过功的蒸汽,进入凝汽器内冷却成水,又重新送回锅炉使用。由于在凝汽器中,大量的热量被循环水带走,故一般凝汽式发电厂的效率都很低,即使是现代的高温高压或超高温高压的轻汽式火电厂,效率也只有 30% ~ 40%。通常简称凝汽式发电厂为火电厂。

火电厂使用的原动机可以是凝汽式汽轮机、燃气轮机或内燃机,其中内燃机一般只在农村和施工工地上使用。我国大部分火电厂采用凝汽式汽轮发电机组,称为凝汽式火力发电厂。

生产过程中需要把燃煤用输煤带从煤场运至煤斗。一般大型火电厂为提高燃煤效率燃烧的是煤粉。因此,煤斗中的原煤要先送至磨煤机内磨成煤粉,然后由热空气携带煤粉经排粉风机送入锅炉的炉膛内燃烧。煤粉燃烧后形成的热烟气沿锅炉的水平烟道和尾部烟道流动,放出热量,最后进入除尘器,将燃烧后的煤灰分离出来。洁净的烟气在引风机的作用下通过烟囱排入大气。助燃用的空气由送风机送入装设在尾部烟道上的空气预热器内,利用热烟气加热空气。这样,一方面可以使进入锅炉的空气温度提高,方便煤粉的引燃和燃烧;另一方面也可以降低排烟温度,提高热能的利用率。从空气预热器排出的热空气分为两股:一股去磨煤机干燥和输送煤粉;另一股直接送入炉膛助燃。燃煤燃尽的灰渣落入炉膛下面的渣斗内,与从除尘器中分离出的细灰一起用水冲至灰浆泵房内,再由灰浆泵送至灰场。在除氧器水箱内的水经过给水泵升压后通过高压加热器送入省煤器。

在省煤器内，水受到热烟气的加热，然后进入锅炉顶部的汽包内。在锅炉炉膛四周密布着水管，称为水冷壁。水冷壁水管的上、下两端均通过连箱与汽包连通，汽包内的水经由水冷壁不断循环，吸收着煤燃烧过程中放出的热量。部分水在水冷壁中被加热沸腾后汽化成水蒸气，这些饱和蒸汽由汽包上部流出进入过热器中。饱和蒸汽在过热器中继续吸热，成为过热蒸汽。过热蒸汽具有很高的压力和温度，因此有很大的热势能。具有热势能的过热蒸汽经管道引入汽轮机后，便将热势能转变成动能。高速流动的蒸汽推动汽轮机转子转动，形成机械能。汽轮机的转子与发电机的转子通过联轴器连在一起。当汽轮机转子转动时便带动发电机转子转动。在发电机转子的另一端带着一个小直流发电机，称为励磁机。励磁机发出的直流电送至发电机的转子线圈中，使转子成为电磁铁，周围产生磁场。当发电机转子旋转时，磁场也是旋转的，发电机定子内的导线就会切割磁力线感应产生电流。这样，发电机便把汽轮机的机械能转变为电能。电能经变压器将电压升压后，由输电线送至电用户。

释放出热势能的蒸汽从汽轮机下部的排汽口排出，称为乏汽。乏汽在凝汽器内被循环水泵送入凝汽器的冷却水冷却，重新凝结成水，此水称为凝结水。凝结水由凝结水泵送入低压加热器并最终回到除氧器内，完成一个循环。在循环过程中难免有汽水的泄漏，即汽水损失，因此要适量地向循环系统内补给一些水，以保证循环的正常进行。高、低压加热器是为提高循环的热效率所采用的装置，而除氧器则是为了除去水中含有的氧气以减少设备及管道腐蚀所采用的装置。

以上分析虽然较为繁杂，但从能量转换的角度看却很简单。即燃料的化学能→蒸汽的热能→机械能→电能。在锅炉中，燃料的化学能转变为蒸汽的热能；在汽轮机中，蒸汽的热能转变为轮子旋转的机械能；在发电机中机械能转变为电能。炉、机、电是火电厂中的主要设备，亦称三大主机。辅助三大主机工作的设备称为辅助设备或辅机。主机与辅机及其相连的管道、线路等称为系统。火电厂的主要系统有燃烧系统、汽水系统、电气系统等。除了上述主要系统外，火电厂还有其他一些辅助生产系统，如燃煤的输送系统、水的化学处理系统、灰浆的排放系统等。这些系统与主系统协调工作，它们相互配合完成电能的生产任务。大型火电厂为保证这些设备的正常运转，安装有大量的仪表，用来监视这些设备的运行状况。同时还设置自动控制装置，以便及时地对主、辅设备进行调节。现代化的火电厂，已采用了先进的计算机分散控制系统。计算机分散控制系统可以对整个生产过程进行控制和自动调节，并能根据不同情况协调各设备的工作状况。这些控制系统使整个火电厂的自动化水平达到了新的高度。目前，自动控制装置及系统已成为火电厂中不可缺少的部分。

2. 供热式发电厂（热电厂）

供热式发电厂与凝汽式火电厂不同之处主要在于，供热式发电厂的汽轮机中一部分做过功的蒸汽会在中间段被抽出来供给热用户使用，或经热交换器将水加热后，供给用户热水。热电厂通常都建在热用户附近，它除发电外，还向用户供热，这样可以减少被循环水带走的热量损失，从而提高总效率。现代热电厂的总效率可高达 60% ~ 70%。

另外，重要的大型厂矿企业往往建设专用电厂作为自备电源，这类电厂的原动机一般为小型汽轮机或柴油机。单独来看，这种发电厂的生产往往不经济，但它可起到后备保障作用，若能和其他能源供应结合起来综合利用，其经济效益将有所提高。

二、水力发电厂

水力发电厂是利用河流所蕴藏的水能资源来生产电能的工厂，简称水电厂或水电站。水力发电的能量转换过程只需两次，即通过原动机（水轮机）将水的位能转变为机械能，再通过发电机将机械能转变为电能，故在能量转换过程中损耗较小，发电的效率较高。

水电厂的发电容量取决于水流的水位落差和水流的流量，即

$$P=9.8\eta QH \tag{4-1}$$

式中，P 为水电厂的发电容量，单位为 kW；Q 为通过水轮机的水的流量，单位为 m^3/s；H 为作用于水电厂的水位落差，也称水头，单位为 m；η 为水轮发电机组的效率，一般为 0.80 ~ 0.85。

由式（4-1）可见，在流量一定的条件下，水流落差越大，水电厂出力就越大。为了充分利用水力资源，应尽量抬高水位。因此水电厂往往需要修建拦河大坝等水工建筑物，以形成集中的水位落差，并依靠大坝形成具有一定容积的水库以调节水的流量。

根据水力枢纽布置的不同，水电厂可分为堤坝式和引水式等，其中以堤坝式水电厂应用最为普遍。

（一）堤坝式水电厂

堤坝式水电厂利用修筑拦河堤坝来抬高上游水位，形成发电水头。根据厂房位置的不同，堤坝式水电厂又可分为坝后式和河床式两种。

1. 坝后式水电厂

坝后式水电厂的厂房建在坝后，全部水压由坝体承受，其厂房本身不承受水的压力。拦河坝将上游水位提高，形成水库，水库中的水在高落差的作用下经压力水管高速进入螺旋形蜗壳推动水轮机转子旋转，将水能转换为机械能。水轮机的转子带动同轴相连的发电机旋转，将机械能转换成电能。水流对水轮机做功后经尾水管排往下游。发电机发出的电能经变压器升压后，送入高压电力网。

我国长江三峡、刘家峡、丹江口等水电厂均属坝后式水电厂。

2. 河床式水电厂

河床式水电厂建在河道平缓区段，水头一般在 20 ~ 30m。堤坝和厂房建在一起，厂房成为挡水建筑物的一部分，库水直接由厂房进水口引入水轮机。我国的葛洲坝水电厂即属此类型。

（二）引水式水电厂

引水式水电厂一般建于河流上游坡度较大的区段，采用修隧道或渠道的方法形成水流落差来发电。山区小水电厂常采用此种形式。

除此之外，还有近年来发展较快的抽水蓄能电站。它是在水电厂的下游建一蓄水库，当夜间电力系统的负荷很低时，将蓄水库中的水抽回到上游水库中变成水的位能，以备白天负荷高峰时发电，这种水电站也因此而得名。

为了充分利用水能，在一条河流上可以根据地形建一系列水电厂，进行梯级开发，使上游的水流发电后放入下游，再供下游的发电厂发电，这种形式的电厂称为梯级电站，例如湖北省清江上的水布垭电站、隔河岩电站和高坝洲电站即属梯级水电站。

与火电厂相比，水电厂的生产过程相对简单，水能属洁净、廉价的能源，无环境污染，生产效率高，其发电成本仅为火力发电的 25% ~ 35%。水电厂也容易实现自动化控制和管理，并能适应负荷的急剧变化，调峰能力强。同时，随着水电厂的兴建往往还可以同时解决防洪、灌溉、航运等多个方面的问题，从而实现江河的综合利用。因此，大力开发和优先开发水电是我国电力建设的基本方针。然而水电建设也存在投资大、建设工期长、受季节水量变化影响较大等缺点。另外，在建设水电的过程中还会涉及淹没农田、移民、破坏自然和人文景观以及生态平衡等一系列问题，这些都需要统筹考虑，合理解决。

三、核能发电厂

核电厂（也称核电站）是利用核能发电的工厂。核能又称原子能，因此核电厂也称原子能发电厂。

核能的利用是现代科学技术的一项重大成就。从 20 世纪 40 年代原子弹的出现开始，核能就逐渐被人们所掌握，并陆续用于工业、交通等许多部门，为人类提供了一种新的能源。核能分为核裂变能和核聚变能两类。由于核聚变能受控难度较大，目前用于发电的核能主要是核裂变能。

核能发电过程与火力发电过程相似，只是核能发电的热能是利用置于核反应堆中的核燃料在发生核裂变时释放出的能量而得到的。根据核反应堆型式的不同，核电厂可分为轻水堆型、重水堆型及石墨气冷堆型等。目前世界上的核电厂大多采用轻水堆型。轻水堆又有压水堆和沸水堆之分。

在沸水堆型核能发电系统中，水直接被加热至沸腾而变成蒸汽，然后引入汽轮机做功，带动发电机发电。沸水堆型的系统结构比较简单，但由于水是在沸水堆内被加热的，其堆芯体积较大，并有可能使放射性物质随蒸汽进入汽轮机，对设备造成放射性污染，使其运行、维护和检修变得复杂和困难。为了避免这个缺点，目前世界上 60% 以上的核电厂采用压水堆型核能发电系统。与沸水堆系统不同，压水堆系统中增设了一个蒸汽发生器，从核反应堆中引出的高温水蒸气，进入蒸汽发生器内，将热量传给另一个独立系统的水，使之加热成高温蒸汽以推动汽轮发电机组旋转。由于在蒸汽发生器内两个水系统是完全隔离的，所以不会对汽轮机等设备造成放射性污染。我国的核电站即以压水堆型为主。

核电厂的主要优点是可以大量节省煤、石油等燃料。例如：1kg 铀裂变所产生的热量相当于 2.7×10^{3}t 标准煤燃烧产生的热量。一座容量为 500MW 的火电厂每年要烧 1.5×10^{6}t 煤，而相同容量的核电厂每年只需消耗 600kg 的铀燃料，从而避免了大量的燃料运输。虽然核电厂的造价比火电厂高，但其长期的燃料费、维护费则比火电厂低，且核电厂的规模越大，则生产每度电的投资费用下降越多。日本大地震前，世界上最大的核电站是日本福岛核电站，容量为9096MW。目前世界上最大单机容量的核电站是1750MW的广东台山核电站。

四、新能源发电

目前，除了利用燃料的化学能、水的位能和核能作为生产电能的主要方式外，利用风能、地热、潮汐、太阳能等可再生能源生产电能的开发研究在世界各国也引起了广泛重视。

（一）风力发电

风力发电是利用风的动能来生产电能的。风力发电的过程是利用风力使风机的转子旋转，将风的动能转换成机械能，再通过变速和超速控制装置带动发电机发出电能。我国内蒙古、甘肃、青藏高原地区风力资源丰富，目前已建造了一些风力发电厂（简称风电厂），有效地解决了地处偏远、居住分散的牧民们的生产和生活用电。

现代风力发电系统是将风能转化为电能的机械、电气和控制设备的组合，通常由气动系统、传动系统、变桨距系统、电气系统和控制系统等子系统组成。

气动系统是指风能捕获机构，主要由桨叶和轮毂组成，通常称为风轮，负责捕获风能，通过降低空气流速吸收空气动能，是将风能转换为风轮旋转机械能的环节。实际上，由于三维风场下空气流体与风轮桨叶相互作用时的空气动力学特性，使得风能捕获过程呈现出复杂的本质非线性，给风力发电过程的建模与控制带来了严峻挑战。

传动系统是指气动系统和电气系统之间的机械传动机构，由机械装置互联组成，主要包括连接轴和齿轮箱（直驱式风力发电系统除外）等。传动系统负责机械能的传递，通过控制系统两端惯量源旋转机械能的相等实现转速的平衡与稳定运行，对风力发电过程的动态特性有显著影响，其转速和机械转矩状态代表了风力发电系统的运行水平，并间接影响电能质量和发电能耗等。

变桨距系统是指用于气动系统风轮桨叶变桨距调节的伺服机构，主要分为液压型和电动型两种。现代风力发电系统大多具有变桨技术，通过控制桨距伺服机构，调节桨距角而改变风能利用系数，实现在额定风速以下最大风能捕获和在额定风速以上限制风能捕获。

电气系统是指风力发电系统与电网之间的电气转换与连接机构，主要包括发电机、变频器和变压器等，负责电能的获取与传递，将传动系统的机械能转换为电能，并通过变频器和变压器向电网输送电能。现代风力发电系统大多具有变速技术，通过控制发电机电磁转矩改变发电机转子转速及风轮转子转速，进而实现系统的变速运行。基于不同的发电机类型，相应的电气系统设计也不同，进而提供了多种选择以适应于不同地域和风速条件下的风力发电过程。

控制系统是风力发电系统在全工况条件下可靠运行的基础，主要包括风力发电过程控制和保护控制等方面，通过控制转速或功率等状态，保证风力发电系统安全运行。此外，控制系统也是风力发电系统优化运行的关键，对于提高能量转换效率、降低风力发电能耗和改善电能质量等有重要影响。

总体而言，气动系统、传动系统、变桨距系统和电气系统负责能量流的传递，而围绕控制系统的则是信息流的传递。通过反馈的信息流，控制系统经过运算处理，再以信息流控制气动系统、传动系统、变桨距系统和电气系统等子系统以整体方式协调运行，使得其中的能量流以安全高效的方式传递，最终使系统具有可靠的并网发电能力。由于发电过程的安全等级较高，需要在投产前充分调试，以保证风力发电系统能够长时间连续运行，达到相当高的安全性和可靠性。

（二）地热发电

地热发电是利用地表深处的地热能来生产电能的。地热发电厂的生产过程与火电厂相似，只是以地热井取代锅炉设备，将地热蒸汽从地热井引出，滤除其中的固体杂质后推动汽轮机旋转，将地热能转换为机械能，带动发电机发出电能。

地球内部蕴藏着巨大的热能，据估计全世界可供开采利用的地热能相当于几万亿吨煤，因此，开发利用地热资源发电具有广阔的发展前景。目前，我国西藏地热电站总装机容量为28.78MW。其中，羊八井地热电厂的装机容量为25.18MW，其地下水温约150℃，是一种低温热能发电方式。

（三）潮汐发电

潮汐发电是利用海水涨潮、落潮中的动能和势能来发电的。潮汐发电厂一般建在海岸边或河口地区，与水电厂建立拦河坝一样，潮汐发电厂也需要在一定的地形条件下建立拦潮堤坝，以形成足够的潮汐潮差及较大的容水区。潮汐发电厂在涨潮和退潮时均可发电，即涨潮时将水通过闸门引入厂内发电并储水，退潮时打开另一闸门放水发电。

（四）太阳能发电

利用太阳的光能或热能来生产电能的均称为太阳能发电。如将太阳的光能直接转换成电能的光电池已广泛应用于航天装置、人造地球卫星以及野外通信设备上，作为这些装备的工作电源。

利用太阳的热能发电，有直接热电转换和间接热电转换两种方式。温差发电、热离子和磁流体发电等，属于直接转换方式。将太阳能聚集起来，通过热交换器将水变为蒸汽来驱动汽轮发电机组发电则属于间接转换方式。

因为太阳能取之不尽、用之不竭，成本低且无污染，所以备受人们青睐。目前我国的太阳能发电量居世界第一。2016 年我国太阳能发电达 591 亿千瓦·时，占中国全年总发电量的 1%。由此可见太阳能发电还有相当大的发展空间。

第三节　变电所类型

变电所是联系发电厂和用户的中间环节，起着电能变换和分配的作用，是电力网的主要组成部分。

按功能划分，电力系统的变电站可分为两大类：①发电厂的变电站，称为发电厂的升压变电站，其作用是将发电厂发出的有功功率及无功功率送入电力网，因此其使用的变压器是升压型，其中低压为发电机额定电压，高、中压主分接头电压为电网额定电压的 110%；②电力网的变电站，一般选用降压型变压器，即作为功率受端的高压主分接头电压为电网额定电压，功率送端中、低压主分接头电压为电网额定电压的 110%。具体选择应根据电力网电压调节计算来确定。所有发电厂发出的电力均需经过升压变电所连接到高压、超高压输电线路上，以便将电能送出。然后经过降压变电所降压后将电能分配至各个地区及用户中。

按照在电力系统中的位置，变电所可分为以下几类：

一、枢纽变电所

枢纽变电所的主要作用是联络本电力系统中的各大电厂与大区域或大容量的重要用户，并实施与远方其他电力系统的联络，是实现联合发、输、配电的枢纽，因此其电压最高，容量最大，是电力系统的最上层变电站。其连接电力系统中高压和中压的几个电压级，汇集多个电源，高压侧电压为 330 ~ 500kV 的变电所，全所停电后将引起系统解列甚至瓦解。

二、中间变电所

中间变电所的主要作用是对一个大区域供电，因此其高压进线来自枢纽变电所（站）或附近的大型发电厂，其中、低压对多个小区域负荷供电，并可能接入一些中、小型电厂，是电力系统的中层变电站。其高压侧起转换功率的作用，通常汇集两三个电源，电压为 220 ~ 330kV，同时降压供给地区用电，全所停电后将引起电网解列。

三、地区变电所

地区变电所的主要作用是对一个小区域或较大容量的工厂供电，高压侧电压为 110 ~ 220kV，以向地区用户供电为主。全所停电后，该地区将中断对用户的供电。

四、终端变电所

终端变电所是电力系统最下层的变电站。其低压出线分布于用户中，并在沿途接入小容量变压器，降压供给小容量的生产和生活用电，个别工厂内会下设车间变电站对各车间供电；其高压侧电压为 110kV，处于输电线路终端，接近负荷点。全所停电后，有关用户将被中断供电。

第四节 发电厂和变电所电气设备

为了满足电能的生产、转换、输送和分配的需要，发电厂和变电所中安装有各种电气设备。

一、电气一次设备

一次设备主要包括：生产和转换电能的设备，如发电机、变压器等；接通或断开电路的开关电器，如断路器、隔离开关、自动空气开关、接触器、熔断器、刀闸开关等，它们的作用是在正常运行或发生事故时，将电路闭合或断开，以满足生产运行和操作的要求；限制故障电流和防御过电压的电器，如限制短路电流的电抗器和防御过电压的避雷器等；接地装置，无论是电力系统中性点的工作接地还是各种安全保护接地，在发电厂和变电站中均采用金属接地体埋入地中或连接成接地网组成接地装置；载流导体，如母线、电力电缆等。通常人们按设计要求，将有关电气设备连接起来。

（一）生产和转换电能的设备

生产和转换电能的设备有同步发电机、变压器及电动机，它们都是按电磁感应原理工作的。

（1）同步发电机。同步发电机的作用是将机械能转换成电能。

（2）变压器。变压器的作用是将电压升高或降低，以满足输配电需要。

（3）电动机。电动机的作用是将电能转换成机械能，用于拖动各种机械。发电厂、变电所使用的电动机，绝大多数是异步电动机，或称感应电动机。

（二）高压开关电器

高压开关电器根据其在电路中担负的任务不同可以分为高压断路器、熔断器、隔离开关和负荷开关等几类。断路器和熔断器的灭弧能力强，能熄灭短路电流产生的电弧，将短路电路开断。负荷开关和断路器一样具有灭弧装置，但灭弧能力不强，只能开断负荷电流。隔离开关则主要用于检修时隔离电源。

高压开关电器的正常使用条件为：海拔高度 1000m 至 2000m；环境温度最高为 +40℃，最低温度户内为 –5℃，户外一般不低于 –30℃，高寒地区户外不低于 –40℃；风速不大于 35m/s；户内相对湿度不大于 90%（+25℃时）；地震烈度不超过 8 度。

开关电器在正常工作时，各部分的最高发热温度不应超过规定的数值。在正常使用的条件下，流过开关电器的电流为额定值时，发热温度应该满足规定。但环境温度高于 +40℃时，温度每增高 1℃，则额定电流减小 1.8%；每降低 1℃，则可增加额定电流 0.5%，但不得超过额定值的 20%。

1. 断路器（俗称开关）

高压断路器是最重要的高压开关电器之一，它结构完善，并有灭弧装置和高速传动机构，它能关合和开断各种状况下高压电路中的电流，包括负荷电流和短路电流，用于完成电力系统运行方式的改变和尽快切除故障电路。

高压断路器是高压电力系统中主要的运行操作电器与短路保护电器，要求其工作可靠，具有足够的开断能力，尽可能短的动作时间和重合闸的性能。对于电力用户，高压断路器应能满足各自的一些特殊要求，如冶金工业要求断路器能频繁地操作，具有足够的防污能力；煤矿要求断路器能防火、防爆。此外，断路器还要具有结构简单，维护方便，体积小、重量轻等优点。

（1）断路器类型。高压断路器根据装置地点，可分为户内式和户外式两种。根据使用的灭弧介质，则可分为油断路器、压缩空气断路器、真空断路器、SF_6 断路器、产气断路器和磁吹断路器等。

①油断路器。油断路器是采用绝缘油作为灭弧介质的一种高压断路器，根据油量的多少它又可分为多油断路器和少油断路器两类。目前，我国生产的高压油断路器主要是少油断路器，多油断路器除 35kV 及以下还保留若干产品外，多数已被淘汰。

a. 多油断路器。在多油断路器中，绝缘油的作用除了用作灭弧介质以外，还用于相对地（金属油箱）的绝缘；在断路器分闸后，作为断路器的绝缘；当负荷电流流过时，绝缘油能将电流在动静触头间及其他部位产生的热量传导出去，限制了触头和其他部分运行温度的升高。

35kV 以上电压级的多油断路器，由于用油量太多、体积庞大、运行维护困难，早已不再生产；35kV 及以下的多油断路器的技术经济指标尚属可取，但也已经逐步被其他断路器取代。现在还在使用的 35kV 多油断路器有 DW1-35，DW2-35、DW6-35 和 DW8-35G 等型号。10kV 的多油断路器有 DW-10 和 DN-10 等型号。多油断路器型号中的 D 表示多油式，W 表示户外式，W 后的数字为设计序号，N 表示户内式，35 代表 35kV 电压等级。

b. 少油断路器。在少油断路器中，绝缘油的主要作用是灭弧，它也可在断路器分闸后作为断口间绝缘，若有负荷电流流过时，将触头产生的热量传导出去，起到散热的作用。但少油断路器中的绝缘油不能作为相对地绝缘，其相对地绝缘由支持绝缘子、绝缘瓷套管或有机绝缘部件等构成，故少油断路器用油量少。例如，同为 35kV 级断路器，SN10-35 型少油断路器三相只用油 15kg，而 DW8-35G 型多油断路器的用油量为 380kg。

少油断路器由于用油少，比较安全，且外形尺寸小，便于成套设备中装设，所以长期以来在 6 ~ 35kV 户内配电装置中使用较多。

我国现在生产的少油断路器，户内式有 SN10 系列，6 ~ 10kV 电压等级为 SN10-10，35kV 电压级为 SN10-35；户外式有 SW2、SW3、SW4、SW6 等系列，电压为 35 ~ 330kV 不等。少油断路器型号中的 S 表示少油式，N 表示户内式，W 表示户外式，N 或 W 后的数字为设计序号，最后面的数字为对应的电压等级。

②压缩空气断路器。压缩空气断路器是利用压缩空气吹灭电弧的一种高压断路器，它开断能力强，动作速度快，但结构复杂，工艺要求高，有色金属消耗多，现已逐渐被 SF6 断路器取代。

③真空断路器。真空断路器是利用真空的高介电强度来灭弧的一种高压断路器，它具有灭弧速度快、寿命长、检修周期长、体积小等优点。目前在我国 10kV 成套装置中已逐渐得到广泛应用。真空断路器的核心部件是真空灭弧室，真空灭弧室内的压力很低，空气非常稀薄，其真空度保持在 1.33×10^{-8} ~ 1.33×10^{-11}Pa 范围内。真空空间内的气体稀薄，分子的自由行程大，发生碰撞的

概率小，因而真空的绝缘强度高。真空灭弧室内触头开断电流时产生的电弧主要在金属蒸汽中产生，金属蒸汽又由触头最后分离的个别炽热的点上蒸发出来。电弧产生后，弧柱中的带电粒子很容易向周围扩散，去游离特别强烈，故真空的介质电场强度恢复快，灭弧性能好，其电流往往被强制减小到零。在电流尚未达到自然过零时，电弧即已熄灭。

真空灭弧室由真空容器（外壳）、动触头、静触头、波纹管、保护罩（屏蔽罩）、法兰、支持件等构成。动触头和静触头等都密封在抽为真空的外壳内，触头要求用难以蒸发的良性导体作为材料，如铜铋或铜钨合金等，而外壳由玻璃或陶瓷做成。不锈钢波纹管的一端与外壳端面焊接；另一端与动触杆焊接，在动触头运动时利用波纹管的弹性保持灭弧室内真空。包围触头的屏蔽罩由铜板制成，其作用是防止触头间产生电弧时的金属蒸汽等附着并沉积在外壳的内表面而破坏外壳两端间的绝缘。真空断路器具有以下特点：

a. 灭弧室不需检查，电气寿命长（是油断路器寿命的 50 ~ 100 倍），机械寿命长（一般可达 12000 次以上），适用于频繁操作。这对电气机车牵引和在一日内投、切数十次的冶金企业具有很大的价值。

b. 真空灭弧室没有爆炸和火灾危险。这对于要求防火防爆的工矿企业，其优点是极为突出的。

c. 触头间开距短，绝缘性能好。例如，10kV 级真空断路器的触头开距只有 10 ~ 12mm，而同电压级的少油断路器的触头开距约为 120mm。由于触头开距短，因而断路器的体积小、质量轻。

d. 灭弧性能强，燃弧时间短，动作快，一般全开断时间小于 0.1s。

e. 熄弧后触头间隙的破坏性放电电压恢复速度快，开断性能好。但截流过电压高，需要采用限制过电压的措施，如装设阻容吸收器、氧化锌避雷器等。

f. 真空断路器开断时没有副产品产生，也不存在介质劣化问题。

真空断路器在运行维护中，除应注意普通断路器分合闸位置、绝缘子、运行温度等常规项目之外，还应检查灭弧室的完好性及有无漏气现象，加强灭弧室真空度的管理。正常情况下，玻璃泡应清晰，灭弧室内零件不应被氧化，屏蔽罩内颜色应无变化。开断电路时，分闸弧光呈微蓝色；且在分闸状态下，一侧触头带电时，外壳内壁不能有红色或乳白色出现。

④ SF_6 断路器。SF_6 断路器采用具有优良灭弧性能和绝缘能力的 SF_6 气体作

为灭弧介质，具有开断能力强、动作快、体积小等优点，但有色金属消耗多，价格较昂贵。近年来，SF_6 断路器在我国发展很快，在高压和超高压系统中得到较广泛的应用，以它为主体的封闭式组合电器是高压和超高压电器的重要发展方向。

a. SF_6 的性质。SF_6 在常温下是一种无色、无臭、无毒、不燃烧的惰性气体，相对分子质量为空气的 5.1 倍，具有良好的绝缘性能和灭弧性能。

在 SF_6 的分子结构中，六个氟原子均匀对称地分布在最外层，容易吸附周围的自由电子，故 SF_6 是一种电负性气体。开断电流时，在电弧作用下，SF_6 分解成氟原子，低氟化合物等，能迅速地游离，再结合成 SF_6 分子，从而弧隙破坏性放电电压恢复极快。因此，SF_6 断路器在开断过程中气体损耗甚微，可以在封闭系统中反复使用。

b. SF_6 断路器的原理与结构。SF_6 断路器按灭弧室型式的不同可分为压气式、旋弧式等类型。顶大压气式灭弧室在开断电流时，利用压气活塞形成 SF_6 气流，吹灭电弧。它又可分为双压式（现已淘汰）和单压式两类，适用于中、高电压断路器。

旋弧式灭弧室适用于中等电压级的断路器。断路器开断电流时，空心导电杆（动触头）离开静触头，电弧产生在动触头与环形触头之间，电流流过吹弧线圈，产生纵向磁场。环形触头的内径较大，电弧与纵向磁力线间因有一定角度而受力。此力使电弧沿环形触头高速旋转，加强去游离，同时电弧加热气体，使压力升高，在导电杆的孔口处形成吹弧气流，冷却电弧。在电流过零时，SF_6 的破坏性放电电压快速增长，电弧不再重燃。这个过程称为旋弧纵吹灭弧。

在开断小电流时磁场不够强，电弧受到的力小，旋转速度小。为了帮助灭弧，在导电杆上设有压气活塞。动触头向下运动分闸时，压气活塞使 SF_6 经内绝缘筒的小孔吹向电弧，帮助熄灭小电流电弧。故上述灭弧室的灭弧原理为旋弧纵吹加压气灭弧。

⑤产气断路器和磁吹断路器。产气断路器利用有机固体介质在电弧高温下分解出的气体来熄灭电弧。磁吹断路器利用被开断电路的电流本身所产生的磁场，将电弧吹入用耐高温的绝缘材料制成的狭缝内，使电弧拉长，冷却而熄灭。这两种断路器的电压级别较低，使用也较少。

（2）高压断路器的基本参数。高压断路器的特性和工作性能可用以下基本技术参数来表征：

①额定电压。额定电压是表征断路器绝缘强度的参数，是断路器长期正常工作的线电压，它的标准值就是系统的额定电压值。在 220kV 及以下的电压级中，断路器和其他开关电器可以在比额定电压高 15% 的电压下长期工作（称为最高工作电压）。

②额定电流。额定电流是表征断路器通过长期电流能力的参数，即断路器允许长期连续通过而各部分温度不会超过规定值的最大电流。额定电流的标准值都是从 R10 系列中选取的，其最小值为 200A。

③额定开断电流周期分量有效值。额定开断电流周期分量有效值是表征断路器开断能力的参数，它是在额定电压下，断路器能可靠开断的最大电流，通常也简称为额定开断电流。

④额定动稳定电流和额定关合电流。额定动稳定电流是表征断路器通过短时电流能力的参数，即断路器承受最大非对称短路电流时，能承受其产生的电动力效应的能力。额定关合电流则是表征断路器关合电流能力的参数，即当断路器关合于短路电路时，其触头不会因最大非对称短路电流产生的电动力使之分开、引起跳动而被电弧熔焊的能力。这两个参数的数值相等，并为该断路器额定开断电流周期分量有效值的 2.5 倍，该数值的大小是由断路器各部分的机械强度决定的。

⑤额定热稳定电流和额定热稳定时间。额定热稳定电流也是表征断路器通过短时电流能力的参数，它反映了断路器承受短路电流热效应的能力。其值和额定开断电流相等，相应的额定热稳定时间为 2s，也可以采用 4s 和相应的热稳定电流值。

⑥开断时间和合闸时间。从操动机构跳闸线圈接通跳闸脉冲起，到三相电弧完全熄灭为止的一段时间称为断路器的开断时间。它等于断路器的固有分闸时间和熄弧时间之和，现代快速断路器的开断时间一般为 0.1s 左右。断路器的合闸时间则是指从断路器合闸线圈加上电压起，到断路器接通为止的一段时间。

断路器的技术参数还包括断流容量、操作循环合闸与分闸装置的额定操作电压等。

2. 隔离开关（俗称刀闸）

在检修设备时隔离开关用来隔离电压，进行电路的切换操作及接通或断开小电流电路。它没有灭弧装置，一般只有在电路断开的情况下才能操作。在各种电气设备中，隔离开关的使用量是最多的。

负荷电路的正常接通或开断、短路电流的开断都可用断路器实现。几乎每次的开断或接通都有电弧的发生和熄灭的过程，断路器操作一定的次数后，就要进行检修。检修时必须用能隔离电源的电器将电源隔开，以保证检修安全。用于隔离电源的电器，就是隔离开关。

（1）隔离开关的作用

隔离开关没有专门的灭弧装置，所以不能用它来接通和开断负荷电流、短路电流，断开电路时，只有在断路器开断后，隔离开关才能断开；接通电路时，只有在隔离开关接通后，才能接通断路器。在发电厂或变电所中装置了大量的隔离开关，其主要作用简述如下：

①隔离电源。用隔离开关把检修的设备与电源可靠地隔离，在分闸时有明显可见的间隙，以确保检修、试验等工作人员的安全。

②倒闸操作。在双母线的电气装置中，不用操作断路器，只操作几台隔离开关即可将设备或供电线路从一组母线切换到另一组母线上去，但此时必须遵循“等电位原则”。这是隔离开关在倒闸操作中的典型应用。

③接通或开断小电流电路。可使用隔离开关进行下列操作。

a. 接通或开断无故障时的互感器和无雷电活动时的避雷器。

b. 接通或开断无故障母线和直接连接在母线上设备的电容电流。

c. 在系统无接地故障的情况下，接通或开断变压器中性点的接地隔离开关和断开变压器中性点的消弧线圈。

d. 与断路器并联的分路隔离开关，当断路器在合上位置时，可接通或开断断路器的旁路电流。

e. 接通或开断励磁电流不超过 2A 的空载变压器，如 35kV、1000kV · A 及以下和 10kV、320kV · A 及以下的空载变压器。

f. 接通或开断电容电流不超 5A 的空载线路，如 10km 以内的 35kV 空载架空线路和 5km 以内的 10kV 空载电缆线路。

g. 用户外三相隔离开关接通或开断电压在 10kV 及以下且电流在 15A 以下的负荷。

h. 接通或开断电压在 10kV 及以下，电流在 70A 以下的环路均衡电流。

隔离开关的类型很多，根据安装地点可分为户内式和户外式两种；根据断口两侧装设接地刀闸的情况可分为单接地（一侧有接地刀闸）、双接地（两侧有接地刀闸）和不接地（无接地刀闸）三种；根据触头运动方式可分为水平回转式、垂直回转式、拉伸式和插拔式等几种。

在检修与隔离开关相连的其他电器，需要三相短路接地时，使用带有接地刀闸的隔离开关会非常方便。只要在断路器断开以后，断开隔离开关的工作刀闸，接通接地刀闸，就形成三相短路接地。检修完毕通电时，断开隔离开关的接地刀闸，接通工作刀闸，再接通断路器即可。隔离开关的工作刀闸与接地刀闸之间的这种操作程序必须遵循，它是由隔离开关本身的操动机构从构造上保证的。

（2）户内隔离开关

户内隔离开关有单极和三极两种类型。三极隔离开关有 GN2、GN6、GN8、GN10、GN16、GN19、GN21 等系列，其中，G 表示隔离开关，N 表示户内式，N 后的数字为设计序号。GN19 型隔离开关可分为拼装型（如 GN19-10 型）和穿墙型（如 GN19-10C 型）两类。

GN19-10/400 型三极隔离开关额定电压为 10kV，额定电流为 400A。隔离开关的触头由每相两条铜制刀闸构成，用弹簧紧夹在静触头两边形成线接触。

这种结构的优点是，电流平均流过两片闸刀，所产生的电动力使接触压力增大。为了提高短路时触头的电动稳定性，可在触头上装有磁锁。磁锁是由装在两闸刀外侧的钢片组成的。当电流通过闸刀时，产生磁场，磁通沿钢片及其空隙形成回路，而磁力线力图缩短其本身的长度，使两侧钢片互相靠拢产生压力。在通过最大非对称短路电流时，触头便可得到较大的附加压力，因此提高了它的电动稳定性。

（3）户外隔离开关

户外隔离开关的工作条件比较恶劣，需要能适应风、雨、冰、雪、灰尘、严寒、酷暑等各种条件，故绝缘强度和隔离开关也有单极、双极、三极的区别。户外隔离开关有 GW2、GW4、GW5、GW6、GW7、GW8 和 GW9 等系列，其型号中的 W 表示户外式。GW4-110D 型双柱式户外隔离开关型号中的 D 表示带接地闸刀。每相有两个棒形支柱绝缘子，分别装在底架的轴承座上，并用交叉连杆连接，可以水平转动 90°，动触杆分别固定在绝缘子的顶上。动触头的闭合处在两个绝缘支柱间的中间。当进行操作时，操动机构带动一个支柱绝缘子转动，另外一个支柱绝缘子由连杆带动也同时转动，于是动触头向一侧断开或接通。

（4）隔离开关的运行维护

①操作隔离开关之前，应确保与隔离开关连接的断路器处在断开位置，以防带负荷拉、合隔离开关。

②手动拉、合隔离开关时，应按“慢—快—慢”的原则进行。

③隔离开关手动拉闸操作完毕，应锁好定位销子，防止因滑脱引起带负荷关合电路或带地线合闸。

④巡视检查隔离开关时，应重点检查其每相触头接触是否紧密，同时检查绝缘子的清洁度、本体机械部分有无变形、引线有无松动和烧伤、操动机构各部件是否完好无损等情况。

3. 熔断器（俗称保险）

熔断器用来断开电路的过负荷电流或短路电流，保护电气设备免受过载和短路电流的危害。熔断器不能用来接通或断开正常工作电流，必须与其他电器配合使用。

（三）限流电器

限流电器包括串联在电路中的限流电抗器和分裂变压器，其作用是限制短路电流，使发电厂或变电所能选择轻型电器。

1. 限流电抗器

（1）电抗器的类型与用途。

电网中所采用的电抗器是指具有一定电抗值的电感线圈，有串联电抗器、并联电抗器、限流电抗器和消弧线圈四种。串联电抗器用于限制电力系统的高次谐波对电力电容器的影响，串联在电力电容器前，也称阻波器。并联电抗器用于超高压长距离输电线路和10kV电缆系统等处，用于吸收系统电容功率，限制电压升高。限流电抗器用于限制系统短路电流，防止故障扩大。

在发电厂与变电所主接线中，限流电抗器用于限制电力设备的短路电流，除能维持母线电压外，也能将短路容量加以限制，以选择轻型断路器和小截面的电缆。

限流电抗器可分为混凝土柱式电抗器（NKS或NKSL）、分裂电抗器（FK）和油浸电抗器（XKSL）三种。

限流电抗器的型号如NKSL–10–600–5所示，表示铝电缆混凝土柱式电抗器、电压为10kV、电流为600A，阻抗电压百分数为5%。此外，混凝土柱式电抗器还标注首尾两出线端沿圆周的角度。

（2）限流电抗器的结构与布置。

①混凝土柱式电抗器。20kV及以下、150～3000A的限流电抗器，常做成空心的混凝土结构，绕组绕好后用混凝土浇装而成牢固的整体，故称混凝土柱式电抗器。这种结构制造简单，成本低，运行可靠，维护方便，属于户内装置。

混凝土柱式电抗器都做成单相的。组成三相组时有四种排列方式，即垂直排列、水平排列、两重一并排列、品字形排列。

②分裂电抗器。带中间抽头的混凝土柱式电抗器称分裂电抗器。

③油浸式限流电抗器。35kV的限流电抗器，一般做成夹装、油浸式户外装置，在油箱内壁增加磁分路或电磁屏障，以减少箱壁的损耗和发热。

限流电抗器安装时对周围环境有要求。空心电抗器附近如果有磁导体的话，将使电抗值升高。在正常情况下，电抗器的磁通在空气中形成回路，但安装场所的屋顶、墙壁、地面如有钢铁等磁性材料存在，会在其中引起发热，所以混凝土柱式电抗器安装时，对屋顶、四壁和地面应保持适当距离。

2. 分裂变压器

随着变压器容量的不断增大，当变压器二次绕组侧发生短路时，短路容量很大。为了能有效地切除故障，必须在二次绕组侧安装开断能力很强的断路器。用分裂变压器，能在正常工作和低压侧短路时，使变压器呈现不同的电抗值，从而起到限制短路电流的作用。

分裂变压器是一种多绕组变压器，它是将普通的双绕组变压器的低压绕组分裂成额定容量相等的两个完全对称的绕组。分裂绕组的布置形式决定了这两个低压分裂绕组间仅有磁的联系，没有电的联系。通常，两个低压分裂绕组容量相同，一般为变压器额定容量的50%，阻抗相等。

（四）载流导体

1. 母线

母线主要用来汇集和分配电能，并能起到连接发电机、变压器与配电装置的作用，通常有敞露母线和封闭母线之分。

（1）母线的用途及类别。母线（也称汇流排）是位于汇集和分配电流节点上的裸导线，通常是指发电机、变压器和配电装置等大电流回路的导体，也泛指用于各种电气设备连接的导线。

母线处于配电装置的中心环节，作用十分重要。由于在正常运行中，通过的功率大，在发生短路故障时承受很大的热效应和电动力效应，因此应合理选择母线材料、截面形状及布置方式，正确地进行安装和运行，以确保母线的安全可靠和经济运行。

母线可分为软母线和硬母线两种。软母线一般采用钢芯铝绞线，用悬式绝缘子将其两端拉紧固定，软母线在拉紧时存在适当的弛度，工作时会产生横向摆动，故软母线的线间距离要大，常用于屋外配电装置；硬母线采用矩形、槽形或管形截面的导体，用支柱绝缘子固定，多数只做横向约束，而沿纵向则可以伸缩，主要承受弯曲和剪切应力，硬母线的相间距离小，广泛用于屋内、外配电装置。母线的材料有铜、铝和钢三种。铜的电阻率很低、力学强度高、防腐性能好、便于接触连接，是优良的导电材料。但我国铜的储量不多，比较贵重，有选择地用于重要的有大电流接触连接的或含有腐蚀性气体场所的母线装置。铝的比重只有铜的 30%，导电率约为铜的 62%。按质量计算，具有相同长度传送相同电流的铝母线的质量只有铜母线的一半。加上铝母线由于截面较大引起散热面积的增大，同长度传送相同电流的铝母线的用量大约只有铜母线的 44%。而铝的价格比铜低廉，且储量大，故以铝代铜有很大的经济意义。但铝的机械强度和耐腐蚀性能较低，接触连接性能较差，铝焊接技术又复杂，有关铝载流导体的技术问题虽都已解决，但在实际应用中仍需重视。钢母线价格低廉，机械强度好，焊接简便，但电阻率为铜的 7 倍，且趋肤效应严重，若长期通过工作电流则损耗太大。常用于电压互感器、避雷器回路引接，以及接地网的连接线等。

（2）母线的截面形状与排列。母线的截面形状有圆形、管形、矩形、槽形等几种。

①圆形截面母线的曲率半径均匀，无电场集中表现，不易产生电晕，但散热面积小，曲率半径不够大，作为硬母线则抗弯性能差。故采用圆形截面的导线主要是作为软母线的钢芯铝绞线。

②管形母线的曲率半径大，材料导电利用率、散热、抗弯强度和刚度都较圆形截面好，常用于 220kV 及以上屋外配电装置做长跨距硬母线，也用于特种母线，如水内冷母线、封闭母线等。

③矩形母线散热面积大，趋肤效应小，材料利用率高，承受立弯时的抗弯强度好，但周围的电场分布很不均匀，易产生电晕，故只用于 35kV 及以下硬母线。矩形母线的宽度与厚度之比为 5 ： 12。太宽、太薄虽对载流和散热有利，但易变形，并使抗弯强度和刚度降低。矩形母线的最大截面面积为 125mm × 10mm。对大的载流量可采用数片并装，但散热效果和趋肤效应变坏，材料利用率变差，超过 3 片时宜采用槽形截面母线。

④母线的排列应按设计规定排列，如无设计规定时，应按下述要求排列：

a. 垂直布置的母线：交流时 U、V、W 相的排列由上向下；直流时正、负的排列由上向下。

b. 水平布置的母线：交流时 U、V、W 相的排列由内向外（面对母线）；直流时正、负的排列由内向外。

c. 引下线排列：交流时 U、V、W 相的排列由左向右（面对母线）；直流时正、负的排列由左向右。

d. 各种不同电压配电装置的母线，其相位的配置应相互一致。

（3）母线的定相与着色。母线安装完毕后，均要刷漆。刷漆的目的是便于识别相序，防止腐蚀，提高母线表面散热系数，实验结果表明：按规定涂刷相色漆的母线可增加载流量 12% ~ 15%。母线应按下列颜色刷漆着色。

①三相交流母线：U 相刷黄色，V 相刷绿色，W 相刷红色，由三相交流母线引出的单相母线应与引出相的母线的颜色相同。

②直流母线：正极刷红色，负极刷蓝色。

③交流中性线汇流母线和直流均压汇流母线，不接地者刷白色，接地者刷紫色带黑色横条。

另外，在焊缝螺栓连接处、设备引线端等都不宜着相色漆，以便运行监察接头情况。若能在母线接头的显著位置涂刷温度变色漆或粘贴温度变色带则更好。软母线的各股绞线常有相对扭动，故不宜着相色漆。

（4）母线的异常运行及处理。母线常见的异常运行多表现为母线及其触头发热，一般用观察变色漆及母线相色漆有无变色的方法来判断。对有较大负荷流过的触头，用红外线测温仪或半导体温度计进行测试，对负荷不重要的低压母线触头，用示温蜡片或普通温度计进行测试。

当测试结果大于允许温度时，应采用减少负荷、加强通风的办法处理。若发现母线或其触头发热烧红，则应迅速减少负荷，并倒换运行方式，停止该母线的运行。

若母线发生断线或短路故障，则按母线电压消失的故障处理。

2. 架空导线

架空电力线路是输送、分配电能的主要通道和工具。架空电力线路在运行中要承受自重、风力、温度变化、覆冰、雷雨、污秽等自然条件的影响。架空电力线路利用杆塔的固定和支撑把导线布置在离地面一定的高度。直线杆塔对导线进行支撑，导线伸展后把张力传递到耐张杆塔上，杆塔上的反向拉力又对导线所传递的张力进行平衡，这样整条线路就形成一个索状钢体结构。空气是架空电力线路导线之间及导线对地的绝缘介质，导线在杆塔上则通过绝缘子与杆塔、横担电气隔离，绝缘子又通过金具分别和导线横担相连接并固定在杆塔上。架空电力线路又可分为架空输电线路和架空配电线路两大类。

架空电力线路的结构主要包括杆塔及其基础、架空导线、绝缘子、拉线、横担、金具、防雷设施及接地装置等。

（1）杆塔

①按用途划分：

杆塔按其用途可分为直线杆塔、耐张杆塔、转角杆塔、跨越杆塔和换位杆塔等几类。

a. 直线杆塔。直线杆塔也称中间杆塔，用在线路的直线走向段内，其主要作用是悬挂导线，直线杆塔的数量约占杆塔总数的80%。

b. 耐张杆塔。耐张杆塔也称承力杆，用于线路的首、末端，以及线路的分段处，在线路较长时，一般每隔3 ~ 5km设置一座耐张杆塔，用来承受正常及故障（如断线）情况下导线和避雷线顺线路方向的水平张力，限制故障范围，且可起到便于施工和检修的作用。

c. 终端杆塔。终端杆塔即用于线路终端（线路上最靠近变电所或发电厂的一座杆塔）的耐张杆塔，用来承受最后一个耐张距导线的单线拉力。

d. 转角杆塔。转角杆塔位于线路转角处的杆塔。转角杆塔要承受（线路方向的）侧向拉力。

e. 跨越杆塔。跨越杆塔是线路跨越河流、山谷、铁路、公路、居民区等地方的杆塔。其高度较一般杆塔高。

f. 换位杆塔。换位杆塔为保持线路三相对称运行，将三相导线在空间进行换位所使用的特种杆塔。规程规定，凡线路长度超过 100km 时，导线必须换位；凡线路长度大于 200km 时，要用两个或多个换位循环。

②按所用材料划分：

杆塔按其所用的材料可分为木杆、钢筋混凝土杆（简称水泥杆）和铁塔三大类。

木杆质量轻，制造安装方便，以前多用于林区。但由于木杆要消耗大量木材，且易腐、易燃，现基本上已被钢筋混凝土杆所代替。

钢筋混凝土杆是目前用得最为广泛的电杆。分为普通水泥杆和预应力水泥杆两种。预应力水泥杆维护工作量小，使用寿命长，现已广泛用于 220kV 及以下的架空线路中。

铁塔是由角钢等型钢经铆接或螺栓连接而成的。铁塔的机械强度高、使用寿命长，但由于其钢材耗量大、造价高、维护工作量大，故一般只用作线路的耐张、转角、换位、跨越等特殊杆塔，以及 500kV 及以上的特高压输电线路的杆塔。

（2）架空导线。架空导线是架空电力线路的主要组成部件，其作用是传输电流，输送电功率。由于架设在杆塔上面，导线要承受自重及风、雪、冰等外加荷载，同时还会受到周围空气所含化学物质的侵蚀。因此，不仅要求导线具有良好的电气性能、足够的机械强度及抗腐蚀能力，还要求尽可能质轻且价廉。

架空导线通常采用钢芯铝绞线或钢芯铝合金绞线。架空导线结构可以分为单股导线、多股绞线和复合材料多股绞线三类。

①单股导线由于制造工艺上的原因，当截面面积增加时，机械强度下降，因此单股导线截面面积一般都在 10mm^2 以下，目前广为使用截面面积的最大值为 6mm^2。

②多股绞线由多股细导线绞合而成，多层绞线相邻层的绞向相反，防止放线时打卷扭花，其优点是机械强度较高、柔韧、适于弯曲，且由于多股绞线表面氧化，故电阻率增加，使电流沿导线流动，趋肤效应较小，电阻较相同截面面积单股导线的略有减小。

③复合材料多股绞线是指采用两种材料的多股绞线，常见的是钢芯铝绞线，其线芯部位由钢线绞合而成，外部再绞合铝线，综合了钢的力学性能和铝的电气

性能，成为目前广泛应用的架空导线。

3. 电缆线

在电能的传输与分配过程中，往往由于受空间位置的限制，需要一种既安全可靠又节省空间位置的载流体，这就是常用的电力电缆。其各相导体之间及导体对地之间均有绝缘层可靠绝缘，外面依次加有密封护套、外护层，将全部绝缘导体一并加以保护和封闭。

其电缆结构极为紧凑，占用空间远比母线占用空间要小；走向和布置极为灵活方便；现场施工简便；在无外界严重损伤和破坏（包括机械损坏与火灾）的条件下运行可靠性高；虽然电缆单价较贵，但由于其基础和土建工程较省，故综合工程费用不一定会超出母线。故电力电缆在电站及厂矿配电应用中使用非常广泛。电缆的导体散热条件不如裸母线的好，大电流大截面时的金属材料利用率较低，故载流量有限。通常在小电流长距离的配电回路中，电缆的应用具有很大的优势；大电流距离回路在布置方便的情况下宜采用母线或架空线。

各种电力电缆在基础结构上，均由导电芯线、绝缘层、密封护套和保护层等主要部分组成。

（1）导电芯线。导电芯线有铝芯线和铜芯线两种，芯线的截面形状有扇形和圆形两种。采用扇形的目的是减少电缆外径，同时也减少绝缘和保护层的材料消耗。另外为了便于弯曲，要求导电线芯具有一定的柔软性，同时为了避免线芯松散变形，要求线芯的结构稳定，因此，导电线芯一般由多根经过退火处理的细单线绞合而成。

（2）绝缘层。各芯线有芯线层，相间隔着芯线绝缘层；芯线对地还需增设统包绝缘层。绝缘层的材料有油浸纸绝缘、橡皮绝缘、聚氯乙烯绝缘、聚乙烯绝缘和交联聚乙烯绝缘等多种。同一电缆的芯线绝缘层和统包绝缘层使用相同的绝缘材料。

（3）密封护套。它的作用是保护绝缘层。护套包在统包绝缘层外面，将绝缘层和芯线全部密封，使其不漏油、不吸气、不进水、不受潮，并且使电缆具有一定的机械强度。护套的材料一般有铅、铝或塑料等。具有密封护套是电缆区别于绝缘导线的标志。

（4）保护层。为了保护密封护套不受外界因素（包括外力、外电流、腐蚀环境等）的损伤，并使电缆具有必要的机械强度，在密封护套外面还需设置保护套。保护层的主体是钢带铠装，它由钢带或钢丝叠绕而成。钢带铠装内侧有内衬垫层，其作用是保护密封护套不受钢带铠装的机械损伤，并且在电缆弯曲时使护套和钢带铠装便于相对滑动。一般用浸有沥青的黄麻或电缆纸包绕而成。为了保护钢带铠装在空气中不被氧化，钢带铠装内外浸有沥青防腐层。对于直接埋入地下的电缆，钢带铠装外还包绕防水外皮层。它由两层浸渍沥青的电缆麻反方向绕叠而成，有的则用塑料做成外皮层。前者在空气中防火性能较差，后者在阳光中易老化。由于外力和外电流的普遍存在，无保护层的裸铅（铝）包电缆不宜使用。

（五）补偿设备

1. 调相机

调相机是一种不带机械负荷运行的同步电动机，主要用来向系统输出感性无功功率，以调节电压控制点或地区的电压。

2. 电力电容器

电力电容器补偿有并联和串联补偿两类。并联补偿是将电容器与用电设备并联，它能发出无功功率，以供本地区需求，可避免长距离输送无功，减少线路电能损耗和电压损耗，提高系统供电能力；串联补偿是将电容器与线路串联，抵消系统的部分感抗，提高系统的电压水平，同时相应地减少系统的功率损失。

3. 消弧线圈

消弧线圈可用来补偿小接地电流系统的单相接地电容电流，以利于熄灭电弧。

4. 并联电抗器

并联电抗器一般装设在 330kV 及以上超高压配电装置的某些线路侧。其作用主要是吸收过剩的无功功率，改善沿线电压分布和无功分布，降低有功损耗，提高送电效率。

（六）仪用互感器

仪用互感器分为电流互感器和电压互感器两大类。其中，电流互感器的作用是将交流大电流变成小电流（5A 或 1A），供给测量仪表和继电保护装置的电流线圈使用；电压互感器的作用是将交流高电压变成低电压（100V），供给测量仪表和继电保护装置的电压线圈使用。仪用互感器可使测量仪表和保护装置标准化和小型化，使测量仪表和保护装置等二次设备与高压部分隔离，且互感器二次侧均接地，从而保证设备和人身安全。因为仪用互感器是一次电路（主电路）和二次电路（测量、保护及监控电路）之间的联络设备，故其既属于一次设备也属于二次设备。

（七）防御过电压设备

1. 避雷线（架空地线）

避雷线可将雷电流引入大地，保护输电线路免受雷击。

2. 避雷器

避雷器可防止雷电过电压及内过电压对电气设备造成损害。

3. 避雷针

避雷针可防止雷电直接击中配电装置的电气设备或建筑物。

（八）绝缘子

绝缘子用来支持和固定载流导体，并使载流导体与地绝缘，或使装置中不同电位的载流导体间绝缘。

1. 绝缘子作用

绝缘子又名瓷瓶，被广泛用于户内外配电装置、变压器、开关电器及输配电线路中，用来支持和固定带电导体，并与地绝缘，或作为带电导体之间的绝缘。因此，它必须具有足够的机械强度和电气强度，并能在恶劣环境（高温、潮湿、多尘埃、污秽等）下安全运行。

2. 绝缘子的分类

按装设地点不同，绝缘子可分为户内式和户外式两种。户外式绝缘子有较大的伞裙，用于增长表面爬电距离，并阻断雨水，使绝缘子能在恶劣的户外气候环境中可靠地工作。在多尘埃、盐雾和化学腐蚀气体的污秽环境中，还需使用防污型户外绝缘子。户内绝缘子无伞裙结构，也无防污型。

绝缘子按用途不同可分为电站绝缘子、电器绝缘子和线路绝缘子等。

（1）电站绝缘子的用途是支持和固定户内外配电装置的硬母线，并使母线与地绝缘。电站绝缘子又分为支柱绝缘子和套管绝缘子，后者用于母线穿过墙壁和天花板，以及从户内向户外引出之处。

（2）电器绝缘子的用途是固定电器的载流部分，分为支柱式绝缘子和套管式绝缘子两种。支柱绝缘子用于固定没有封闭外壳的电器的载流部分，如隔离开关的动、静触头等。套管绝缘子用来使有封闭外壳的电器，如断路器、变压器等的载流部分引出外壳。

（3）线路绝缘子是用来固定架空输电导线和户外配电装置的软母线，并使它们与接地部分绝缘。它可分为针式绝缘子和悬式绝缘子两种。

各类绝缘子均由绝缘体和金属配件两部分构成。目前高压绝缘子的绝缘体采用电瓷、玻璃、玻璃钢或有机复合材料等多种材料制成。采用最多的为电瓷，其结构紧密，机械强度高，耐热和介电性能好，在表面涂硬质釉层以后，表面光滑美观，不吸水分，故电瓷具有良好的绝缘和电气性能。目前，采用有机复合材料的绝缘子的应用范围也不断扩大，其结构上采用芯棒与金具粘接或压接连接构造方式和硅橡胶整体注射硫化成型，并加大了外绝缘爬电比距；硅橡胶良好的憎水性，大大降低了绝缘子污闪的发生；采用大小伞相同的伞形，提高了大伞间距，改善了伞间放电特性，提高了绝缘子的耐污性能以及耐湿性能；强度高、外形美观、体积小、重量轻等。可见，复合绝缘子优点突出，将是传统瓷绝缘子的理想替代品。

为了将绝缘子固定在接地的支架上和将硬母线安装到绝缘子上，需要在绝缘体上牢固地胶结金属配件。电站绝缘子与支架固定的金属配件称为底座或法兰，与母线连接的金属配件称为顶帽。底座和顶帽均做镀锌处理，以防锈蚀。

二、电气二次设备

在发电厂与变电站中，除上述一次设备外，还有一些辅助设备，它们的任务是对一次设备进行测量、控制、监视、调节和保护等，这些设备称为二次设备。二次设备主要包括：仪用互感器，如电压互感器和电流互感器，它们将一次电路中的电压和电流降至较低的值，供给仪表和保护装置使用；测量仪表，如电压表、电流表、功率表、功率因数表等，它们用于测量一次电路的运行参数值；继电保护及自动装置，它们可以迅速反映出电气故障或不正常运行的情况，并根据要求进行切除故障或相应调节；直流设备，如直流发电机组、蓄电池、整流装置等，它们供给保护、操作、信号及事故照明等设备的直流用电；信号设备及控制电缆等，信号设备给出信号或显示运行状态标志，控制电缆用于连接二次设备。

（1）测量表计。测量表计用来监视、测量电路的电流、电压、功率、电能、频率及设备的温度等，如电流表、电压表、功率表、电能表、频率表、温度表等。

（2）绝缘监察装置。绝缘监察装置用来监察交、直流电网的绝缘状况。

（3）控制和信号装置。控制主要是指采用手动（用控制开关或按钮）或自动（继电保护或自动装置）方式通过操作回路实现配电装置中断路器的合、跳闸。通常断路器都有位置信号灯，有些隔离开关有位置指示器；主控制室设有中央信号装置，用来反映电气设备的事故或异常状态。

（4）继电保护及自动装置。继电保护的作用是：发生故障时，使断路器跳闸自动切除故障元件；出现异常情况时，发出信号。自动装置的作用是用来实现发电厂的自动并列、发电机自动调节励磁、电力系统频率自动调节、按频率启动水轮机组、电所的备用电源自动投入、发电厂或变输电线路自动重合闸及按事故频率自动减负荷等。

（5）直流电源设备。直流电源设备包括蓄电池组和硅整流装置，用作开关电器的操作、信号、继电保护及自动装置的直流电源，以及事故照明和直流电动机的备用电源。

（6）塞流线圈（又称高频阻波器）。塞流线圈是电力载波通信设备中必不可少的组成部分，它与耦合电容器、结合滤波器、高频电缆、高频通信机等组成电力线路高频通信通道。塞流线圈起到阻止高频电流向变电所或支线泄漏，减小高频能量损耗的作用。

三、电气主接线和配电装置

（一）电气主接线

一次设备按预期的生产流程所连成的电路，称为电气主接线。主接线表明电能的生产、汇集、转换、分配关系和运行方式，是运行操作、切换电路的依据，它又称为一次接线、一次电路、主系统或主电路。用国家规定的图形和文字符号表示主接线中各个元件，并将其依次连接，这样的单线图称为电气主接线图。

发电厂和变电所的主接线方案是根据容量、电压等级、负荷等情况设计，并经过技术经济比较而选出的最佳方案。

（二）配电装置

按主接线图，由母线、开关设备、保护电器、测量电器及必要的辅助设备所组成的接收和分配电能的装置，称为配电装置。配电装置是发电厂和变电所的重要组成部分。

配电装置按电气设备的安装地点可分为以下两种：

（1）屋内配电装置。全部设备都安装在屋内。

（2）屋外配电装置。全部设备都安装在屋外（露天场地）。

按电气设备的组装方式可分为以下两种：

（1）装配式配电装置。电气设备在现场（屋内或屋外）组装。

（2）成套式配电装置。制造厂预先将各单元电路的电气设备装配在封闭或不封闭的金属柜中，构成单元电路的分间。成套配电装置大部分为屋内型，也有屋外型。

配电装置还可按其他方式分类，例如按电压等级分类，分为 10kV 配电装置、35kV 配电装置、110kV 配电装置、220kV 配电装置、500kV 配电装置等。

第五章　电气自动化控制

第一节　电气自动化控制基本知识

一、电气自动化控制系统及设计的研究背景

（一）电气自动化控制系统的信息集成化

电气自动化控制系统中信息技术的运用主要体现在两个方面：一是管理层面上纵深方向的延伸。企业中的管理部门使用特定的浏览器对企业中的人力资源、财务核算等数据信息进行及时存取，同时能够有效地监督控制正处于生产过程中的动态形式画面，可以及时掌握企业生产信息的第一手资料。二是信息技术会在电气自动化设施、系统与机器中进行横向的拓展。随着不断应用增加的微电子处理器技术，原来明确规定的界面设定逐渐变得模糊，与之对应的结构软件、通信技术和统一、运用都比较容易的组态环境慢慢变得重要起来。

（二）电气自动化控制系统的标准语言规范是 Windows NT 和 IE

在电气自动化工程领域，发展的主要流向已经衍变成人机的界面，因为PC系统控制的灵活性质以及容易集成的特性使其正在被越来越多的用户接受和使用。同时，电气自动化工程控制系统使用的标准系统语言使其更加容易进行维护

处理。

（三）电气自动化分布式控制系统

随着企业对DCS系统的实际应用，这一系统所存在的缺点也渐渐显现出来。因为DCS系统属于模拟数字的混合体系；它所使用的仪表装置仍然是模拟的传统型仪表，其可靠性很低，在工作中的维修使用异常困难；生产商之间缺乏协议的统一标准，缺乏维修使用的互换性；昂贵的价格。信息时代的飞速发展导致了电气自动化工程系统的技术创新。

（四）集中监控的方式进行的控制系统

因为集中控制方式的系统控制是要把所有的功能放入一个处理器中，所以处理速度是很慢的，导致了机器整个运行速度的减慢。要把所有的电子自动化设备放入监控之中，就造成了监控对象的数量过于庞大，也导致了主机空间的不断下降，同时增加了大量的电缆数量，使得投资成本提高了。电缆进行较长距离的传输也会对整个控制系统的可靠性产生影响。因为集中进行监控的连锁与隔离刀闸中的闭锁使用的都是硬接线，使设备没有办法进行继续操作。加上这一接线进行反复接线时会很繁杂，查线工作就会更加困难，这样加大了维护工作的难度，也会因此而产生错误的操作，使整个电气自动化工程控制系统无法积极进行操作。

二、研究电气自动化控制系统的目标与意义

（一）电气自动化与地球数字化互相结合的设想

电气自动化工程与信息技术结合的典型的表现方法就是地球数字化技术，这项技术中包含了自动化的创新经验，可以把大量的、高分辨率的、动态表现的、多维空间的和地球相关的数据信息整体形成坐标，最终成为一个电气自动化数字地球。将整理出的各种信息全部放入计算机中，与网络结合，人们不管在任何地方，只要根据地球地理坐标，便可以知道地球任何地方关于电气自动化的数据信息。

（二）现场总线技术的创新使用，可以节省大量的电气自动化成本

电气自动化工程控制系统中大量运用了现场总线与以太网为主的计算机网络技术，经过系统运行经验的逐渐积累，电气设备的自动智能化也飞速地发展起来，在这些条件的共同作用下，网络技术被广泛地运用到了电气自动化技术中，所以现场的总线技术也由此产生。这个系统在电气自动化工程控制系统设计过程中更加突显其目的性，为企业最底层的设施之间提供了通信渠道，有效地将设施的顶层信息与生产的信息结合在一起。针对不一样的间隔会发挥不一样的作用，根据这个特点可以对不一样的间隔状况分别实行设计。现场总线的技术普遍运用在了企业的底层，初步实现了管理部门到自动化部门存取数据的目标，同时也符合了网络服务于工业的要求。与 DCS 进行比较，可以节约安装资金、节省材料、可靠性能比较高，同时节约了大部分控制电缆，最终实现了节约成本的目的。

（三）加强电气自动化企业与相关专业院校之间的合作

鼓励企业到电气自动化专业的学校中去设立厂区、建立车间，进行职业技能培训、技术生产等，建立多种功能汇集在一起的学习形式的生产试验培训基地。走入企业进行教学，积极建设校外的培训基地，将实践能力和岗位实习充分结合在一起。扩展学校与企业结合的深广程度，努力培养订单式人才。按照企业的职业能力需求，制订出学校与企业共同研究培养人才的教学方案，以及相关理论知识的学习指导。

（四）改革电气自动化专业的培训体系

第一，在教学专业团队的协调组织下，对市场需求中的电气自动化系统的岗位群体进行科学研究，总结这些岗位群体需要具有的理论知识和技术能力。学校组织优秀专业的教师，根据这些岗位群体的特点，制定与之相关的教学课程，这就是以工作岗位为基础形成了更加专业化的课程模式。第二，将教授、学习、实践这三个方面有机地结合在一起，把真实的生产任务当作对象，重点强调实践的能力，对课程学习内容进行优化处理，专业学习中至少一半的学习内容要在实训企业中进行。教师在教学过程中，利用行动组织教学，让学生更加深刻地理解将来的工作程序。

随着经济全球化的不断发展和深入，电气自动化控制系统在我国社会经济发展中占有越来越重要的地位。本书介绍了电气自动化控制系统的各个方面，电气自动化控制系统信息技术的集成化，使电气自动化控制系统维护工作变得更加简便，电气自动化控制系统不仅节省了工程建设的资金和材料，还提高了工程及工程设备的可靠性。根据电气自动化系统现状及发展趋势来看，电气自动化控制系统要想长远发展下去就要不断地创新，将电气自动化系统进行统一化管理，并且要采用标准化接口，还要不断进行电气自动化系统的市场产业化分析，保证安全地进行电气自动化工程生产，保证这些条件都合格时还要注重加强电气自动化系统设备操控人员的教育和培训。此外，电气自动化专业人才的培养应从学生时代开始，要加强校企之间的合作，使员工在校期间就能够形成良好的职业技能，只有这样的人才能为电气自动化工程所用，才能利用所学的知识更好地促进电气自动化行业的发展壮大，为社会主义市场经济的建设添砖加瓦。

三、电气自动化控制系统在国内外的发展方向

（一）电气自动化工程控制系统的创新技术

我国制订了电气自动化工程长期发展的计划，在逐渐开放的环境中，不断地提升电气自动化工程控制系统的创新能力，创新集成能力以及引入、消化、重新吸收的创造能力。企业不断追求发展产品自身的技术创新，大力致力于电气自动化工程系统的自主知识产权的产品研究，为电气自动化工程进行自主创新创造了更宽更广的空间。一定要确定电气自动化企业中创新技术的主导位置，提供优厚的政策环境，健全机制体系，加速实行国家重大的科技研究项目。目前，国内企业主要生产中低档次产品，产品在国内市场主要适用于中小规模的项目。电气自动化工程企业必须尽快打开科技创新的市场局面，积极转换经济的增长模式，逐步提升创新实践能力。

（二）统一化的电气自动化系统

统一电气自动化系统能够实现电气自动化产品的周期性设计、测试与实行、开机与调试、维护与运行等，这样能够最大限度地缩减设计到完工的资金和时间。将电气自动化系统实行统一化管理，关键能够满足客户的需求，也就是把开

发系统彻底从运行系统中独立出来，这对于电气自动化工程控制系统来说，是成功地将电气自动化系统通用化。电气自动化工程的网络构成应该保障控制现场的设施、计算机的监管体系、企业工程的管理体系中的通信数据保持通畅。实行网络的体系计划时，不管是使用现场总线还是通信系统的以太网，都需要保障控制元件级到办公室的环境之间自动化的整体通信。

（三）电气自动化控制系统的标准化接口

微软公司的标准技术有效地缩减了工程的成本和时间，实现了办公室系统和电气自动化系统资源数据的共享交换。当企业同相关的系统进行连接时，由于电气自动化系统策划方案的重要性，需要使用的操作系统是 Windows XP，那么办公室通信使用的标准是 IP 系统，自动化控制和管理系统两者之间重要接口的建立是通过 PC 系统。程序的标准化接口确保了厂家之间进行的软硬件交换数据，从而真正将通信产生的困难解决了。

（四）市场产业化中的电气自动化控制系统

企业加快进行结构产业化的发展，始终坚定实行体制的深化改革，依据科学技术推动发展以及保障体系机制的同时，需要关注市场产业化形成带来的问题。在电气自动化企业对开发技术和集成系统投入过多精力的时候，应巧妙运用分工外包和社会性质的协作，将零部件的配套生产逐渐市场化，有规模有计划地进行大型装备技术的研究开发，逐渐提升自主进行的装备创造比例。市场产业化是产业不断发展的结果，能够有效提升配置资源的工作效率。

（五）电气自动化工程及产品的生产将更加安全

电气自动化工程控制系统正朝着安全防范技术的集成系统方向发展，重点加强了安全与非安全系统控制的一体化集成，使用户在现阶段非安全系统控制的前提下，运用最低的设计开发费用实现安全方案。将来电气自动化系统的亮点就在于电气自动化产品的系统安全。企业应分析我国的市场特性，逐步地进行市场扩展，应从安全级别需求最高的领域开始，逐步延伸到其他危险级别相对较低的领域。从工厂设施层发展到网络层，从硬件设备延伸到软件设备，把电气自动化工程控制系统的安全与防范设计进行全面的研究。

（六）未来的电气自动化系统需要更加专业的技术人才

电气自动化工程系统在安装和设计时，通常容易忽视对设备控制人员的职业培训。一些从事生产的厂商和系统工程单位在电气自动化系统进行安装运行以后，才重视对设备操作人员以及维修人员的岗位培训。电气自动化系统在进行安装的过程中就应当让未来操作这些设备的人员观察熟悉整个系统的安装流程，这样做能够加强他们对系统的深刻认知。经过正规的训练，设备的操控人员就会更加明白为何电气自动化系统会按照这种方式进行安装。为了能够处理电气自动化工程系统在今后运行中出现的问题，就需要提前找出发生故障的可能因素，反之就会导致对故障出现原因的判定出现偏差。安装新的电气自动化系统时，设备操控人员需要提前对这些技术熟悉掌握。企业组织员工训练期间内，重点要培训员工的技术操作，让设备操控员工准确掌握系统的硬件配备知识以及实际操作的技术要点和保养维修知识。

第二节　电气自动化控制系统的基本认知与常识研究

一、自动控制的基本原理、组成及控制

（一）自动控制的基本原理

在现代科学技术的众多领域中，自动控制技术起着越来越重要的作用。所谓自动控制，是指在没有人直接参与的情况下，利用外加的设备或装置（控制装置或控制器），使机器、设备或生产过程（统称被控对象）的某个工作状态或参数（被控量）自动地按照预定的规律运行。近几十年来，随着电子计算机技术的发展和应用，在宇宙航行、机器人控制、导弹制导以及核动力等高新技术领域中，

自动控制技术更具有特别重要的作用。不仅如此，自动控制的应用现已扩展到生物、医学、环境、经济管理和其他许多领域中，成为现代社会活动中不可缺少的重要组成部分。

自动控制发展初期，是以反馈理论为基础的自动调节原理，主要用于工业控制。为了实现各种复杂的控制任务，首先要将被控对象和控制装置按照一定的方式连接起来，组成一个有机整体，这就是自动控制系统。在自动控制系统中，被控对象的输出量即被控量是要求严格加以控制的物理量，它可以要求保持为某一恒定值，如温度、压力、液位等，也可以要求按照某个给定规律运行，例如飞机航行、记录曲线等；而控制装置则是对被控对象施加控制作用的机构的总体，它可以采用不同的原理和方式对被控对象进行控制，但最基本的一种是基于反馈控制原理组成的反馈控制系统。

在反馈控制系统中，控制装置对被控对象施加的控制作用，是取自被控量的反馈信息，用来不断修正被控量与输入量之间的偏差，从而实现对被控对象进行控制的任务。下面我们通过一个例子来说明反馈控制的原理。

厨师用一台电热烤炉来烤制某种食品，温度以 150℃为宜，为此在烤炉上装了一支水银温度计。食品原料装入后，便将电源开关接通，烤炉的电阻通电加热；当温度达到 150℃时，再把开关断开，烤炉内的温度便逐步下降，当温度低于 150℃时，又要将开关合上，这样操作下去直到食品取出为止，显然，这位厨师需要一直坚守岗位，如果疏忽大意，烘烤的食品不是半生不熟就是被烤焦了不能食用。

如果把水银温度计换成一套控温仪表，它不但能显示当前炉内温度，而且还有一对控制接点，再把手动开关换成交流接触器。当我们把食品原料放入烤炉以后，将电源接通，接触器的线圈得电，烤炉的电阻 R 通电加热；当温度达到 150℃时，接触器断电，其工作过程与前面的情况相同，但炉温可以自动保持在 150℃左右，不再需要人的参与。

同样是控制电热烤炉的温度，还可以采用另外一种方法，厨师操作一只调压器，当炉温接近 150℃时，把输送到电阻上的电压适当降低，当炉温低于 150 ℃时又适当提高这个电压，这样也可以将炉温保持在 150℃上下，但是还得依靠人工操作。

我们将水银温度计换成另一种控温仪表，调压器也改用由电动机带动滑动电刷的调压器，当炉温低于150℃时，调压器输出电压最高以加快升温速度，炉温接近150℃时，输出电压将适当下降，超过150℃时输出电压为零，显然，这样炉温同样可以自动保持在150℃左右，也不需人的参与。

如果上述第一、二种控制方法与三、四相比较，不难看出前者的加热电压是不变的，电阻上的电流则是时有时无；后者的加热电压是变化的，电阻上的电流大小随炉温变化，一般情况下不致完全断电，这样烤炉的温度波动会小些，但是控温装置显然也要复杂些。

概括起来，自动化带来的主要效益是：

（1）稳定产品质量。

（2）增加产量，提高劳动生产率。

（3）降低原材料消耗。

（4）降低劳动强度，保障人身安全。

（5）缩短产品的交货周期，加快资金周转。

（二）反馈控制系统的基本组成

反馈控制系统是由各种结构不同的元部件组成的。从完成“自动控制”这一职能来看，一个系统必然包含被控对象和控制装置两大部分，而控制装置是由具有一定职能的各种基本元件组成的。在不同系统中，结构完全不同的部件却可以具有相同的职能，因此将组成系统的元部件按职能分类主要有以下几种：

（1）测量元件：其职能是检测被控制的物理量，如果这个物理量是非电量，一般要再转换为电量。

（2）给定元件：其职能是给出与期望的被控量相对应的系统输入量（参据量）。

（3）比较元件：其职能是把测量元件检测的被控量实际值与给定元件给出的参据量进行比较，求出它们之间的偏差。常用的比较元件有差动放大器、机械差动装置、电桥电路等。

（4）放大元件：其职能是将比较元件给出的偏差信号进行放大，用来推动执行元件去控制被控对象。

（5）执行元件：其职能是直接推动被控对象，使其被控量发生变化。

（6）校正元件：也叫补偿元件，它是结构或参数便于调整的元部件，用串联或反馈的方式连接在系统中，以改善系统的性能。

（三）自动控制系统的基本控制方式

反馈控制是自动控制系统最基本的控制方式，也是应用极广泛的一种控制方式。除此之外，还有开环控制方式和复合控制方式，它们都有其各自的特点和不同的适用场合。

（1）反馈控制方式：反馈控制方式也称为闭环控制方式，是指系统输出量通过反馈环节返回来作用于控制部分，形成闭合环路的控制方式，是按偏差进行控制的，其特点是不论什么原因使被控量偏离期望值而出现偏差时，必定会产生一个相应的控制作用去减小或消除这个偏差，使被控量与期望值趋于一致。可以说，按反馈控制方式组成的反馈控制系统，具有抑制任何内、外扰动对被控量产生影响的能力，有较高的控制精度。但这种系统使用的元件多，结构复杂，特别是系统的性能分析和设计也较麻烦。尽管如此，它仍是一种重要的并被广泛应用的控制方式，自动控制理论主要的研究对象就是用这种控制方式组成的系统。

（2）开环控制方式：开环控制方式是指控制装置与被控对象之间只有顺向作用而没有反向联系的控制过程，其特点是系统的输出量不会对系统的控制作用产生影响。

（3）复合控制方式：按扰动控制方式在技术上较按偏差控制方式简单，但它只适用于扰动是可量测的场合，而且一个补偿装置只能补偿一种扰动因素，对其余扰动均不起补偿作用。因此，比较合理的一种控制方式是把按偏差控制与按扰动控制结合起来，对于主要扰动采用适当的补偿装置实现按扰动控制，同时再组成反馈控制系统实现按偏差控制，以消除其余扰动产生的偏差。这样，系统的主要扰动已被补偿，反馈控制系统就比较容易设计，控制效果也会更好。这种按偏差控制和按扰动控制相结合的控制方式称为复合控制方式。

二、自动控制系统的分类

自动控制系统有多种分类方法。按控制方式可分为开环控制、反馈控制、复合控制等；按元件类型可分为机械系统、电气系统、机电系统、液压系统、气动系统、生物系统；按系统功能可分为温度控制系统、位置控制系统等；按系统性能可分为线性系统和非线性系统、连续系统和离散系统、定常系统和时变系统、确定性系统和不确定性系统等；按参据量变化规律又可分为恒值控制系统、随动系统和程序控制系统等。一般为了全面反映自动控制系统的特点，常常将上述各种分类方法组合应用。

（一）线性连续控制系统

这类系统可以用线性微分方程式描述。按其输入量的变化规律不同又可将这种系统分为恒值控制系统、随动系统和程序控制系统。

（二）线性定常离散控制系统

离散控制系统是指系统的某处或多处的信号为脉冲序列或数码形式，因而信号在时间上是离散的。连续信号经过采样开关的采样就可以转换成离散信号。一般，在离散系统中既有连续的模拟信号，也有离散的数字信号，因此离散系统要用差分方程描述。工业计算机控制系统就是典型的离散系统。

（三）非线性控制系统

系统中只要有一个元部件的输入—输出特性是非线性的，这类系统就称为非线性控制系统，这时，要用非线性微分（或差分）方程描述其特性。非线性方程的特点是系数与变量有关，或者方程中含有变量及其导数的高次幂或乘积项。由于非线性方程在数学处理上较困难，目前对不同类型的非线性控制系统的研究还没有统一的方法。但对于非线性程度不太严重的元部件，可采用在一定范围内线性化的方法，将非线性控制系统近似为线性控制系统。

三、对自动控制系统的基本要求

自动控制理论是研究自动控制共同规律的一门学科。尽管自动控制系统有不同的类型，对每个系统也有不同的特殊要求，但对于各类系统来说，在已知系统的结构和参数时，我们感兴趣的都是系统在某种典型输入信号下，其被控量变化的全过程。而且对每一类系统被控量变化全过程提出的共同基本要求都是一样的，可以归结为稳定性、快速性和准确性，即稳、准、快的要求。

（一）稳定性

稳定性是保证控制系统正常工作的先决条件。它是这样来表述的：系统受到外作用后，其动态过程的振荡倾向和系统恢复平衡的能力。如果系统受到外作用后，经过一段时间，其被控量可以达到某一稳定状态，则称系统是稳定的。还有一种情况是系统受到外作用后，被控量单调衰减，在这两种情况中系统都是稳定的，否则称为不稳定。另外，若系统出现等幅振荡，即处于临界稳定的状态，这种情况也可视为不稳定。线性自动控制系统的稳定性是由系统结构决定的，与外界因素无关。

（二）快速性

为了很好地完成控制任务，控制系统仅仅满足稳定性要求是不够的，还必须对其过渡过程的形式和快慢提出要求，一般称为动态性能。快速性是通过动态过程时间长短来表征的，系统响应越快，说明系统复现输入信号的能力越强。

（三）准确性

理想情况下，当过渡过程结束后，被控量达到的稳态值应与期望值一致。但实际上，由于系统结构、外作用形式以及摩擦、间隙等非线性因素的影响，被控量的稳态值与期望值之间会有误差存在，称为稳态误差。稳态误差是衡量控制系统精度的重要标志。若系统的最终误差为零，则称为无差系统，否则称为有差系统。

四、自动控制系统中常用名词与术语

为今后叙述的方便，下面集中介绍控制系统常用名词术语的基本意义。

（一）控制和调节

“控制”和“调节”的含义十分接近，两者都是为达到预期目的而按照某种规律对控制对象施加作用；又如，“调节原理”和“控制理论”都是指同一学科；有些场合两者也有不完全通用的地方，例如通常把开环系统中的动作称为控制，而该装置称为控制器；在闭环系统中则分别称为调节和调节器。还有“自控”一词包括各种形式的自动控制，不能称为“自调”；又如，“超调”是指控制系统在动态过程中瞬时值与稳态值的偏差，不能称为“超控”等，这些都是人们的用词习惯形成的。

（二）自动控制

它是指在没有人直接参与的情况下，利用外加的设备或装置，使机器、设备或生产过程的某个工作状态或参数自动地按照预定的规律运行的控制机制。

（三）控制对象和被控变量

为保证生产设备能够安全、经济地运行，必须组成一个控制系统，对其中某个关键参数进行控制，这台设备就成为控制对象，这个关键参数就是被控变量。

（四）自动控制系统

它是由研究自动控制装置（也称控制器）和被控对象组成，能自动地对被控对象的工作状态或其被控量进行控制，并具有预定性能的广义系统。

（五）目标值和定值控制系统

目标值也称为设定值，就是希望被控变量保持的数值。如果目标值是恒定不变的，这种自动控制系统就称为定值控制系统。

（六）检测装置

用来感受控制对象的被控变量的大小，并将其转换和输出相应的信号作为控制的依据，检测装置通常是由某种传感器或变送器组成。

（七）偏差

由反馈装置检测得出的被控变量实际值与目标值之差。在自动控制过程中存在的偏差称为“残余偏差”或“余差”，在静态情况下存在的偏差则称为“静差”。

（八）调节器

调节器是根据偏差大小及变化趋势，按照预定的调节规律给执行器输出相应的调节信号的装置。

（九）执行器

执行器接收调节器送来的调节信号，根据它的数值大小输出相应的操作变量对控制对象施加作用，使被控变量保持目标值。

（十）操作变量

由执行器输出到被控对象中的能量流或物料流称为操作变量。

（十一）扰动或干扰

被控对象在运行过程中受到某种外部因素的影响导致被控变量的变化，这些破坏稳定的不利因素统称为扰动或干扰，如负载变化、电源电压波动、环境条件改变，等等。

（十二）阶跃扰动

在分析控制对象受到扰动后的变化时，也就是研究控制对象的动态特性时，设想在某一瞬间把某个参数突然改变为另一个数值，其增量为 X 并维持不变，这种扰动就称为阶跃扰动。

（十三）控制对象的时间常数和时滞

控制对象受到阶跃扰动后，被控变量需要推迟一段时间才按其本身特性变化，再经过一定时间后稳定到一个新的数值，此时间称为“滞后时间”即“时滞”，从起点上升到终点高度所需的时间称为控制对象的时间常数。

（十四）闭环与开环

执行器输出操作变量到被控对象以改变被控变量，而被控变量的变化又通过检测装置输出的信号来影响操作变量，这样的信息传递过程构成了闭合环路，这种系统称为闭环控制；如果不存在这种信息传递的闭合环路，从而被控变量的变化对执行器输出的操作变量不产生影响，这样的系统称为开环控制。

（十五）系统的静态和动态

当自动控制系统的输入（设定值和扰动）及输出（被控变量）都保持不变时，整个系统处于一种相对平衡的稳定状态，这种状态称为静态；当系统的输入发生变化时，系统的各个部分都会改变原来的状态，力图达到新的平衡，这个变化过程就称为系统的动态。

（十六）断续作用和连续作用

断续作用的调节器输出信号只有两种完全不同的状态，例如开关的“接通”或“断开”，没有中间状态。连续作用的调节器其输出信号可以从弱到强连续改变，因而这种方式能够更准确地反映控制系统偏差的大小或控制动作的强度，从而可以取得更好的效果。

五、常用控制系统的基本类型

常用的控制系统有单回路系统、多回路系统、串级系统、比值系统、复合系统五种基本类型。

（一）单回路系统

单回路反馈控制系统又称为单参数控制系统或简单控制系统，它是由一个被控对象、一个检测变送装置、一个调节器和一个执行器组成的单闭环控制系统。这种系统的作用特点是：被控对象不太复杂，系统结构比较简单。只要合理地选择调节器的调节规律，就可以使系统的技术指标满足生产工艺的要求。单回路控制系统是实现生产过程自动化的基本单元，由于它结构简单，投资少，易于整定和投入运行，能满足一般生产过程自动控制要求，尤其适用于被控对象滞后时间较短、负荷变化比较平缓、对被控变量的控制没有严格要求的场合，故在工业生产中获得广泛的应用。

随着技术的迅速发展，控制系统类型越来越多，如综合控制、复杂控制系统等层出不穷，但单回路控制仍然是最基本的控制系统，掌握单回路控制系统设计的一般原则是很重要的。

生产过程是由若干台工艺设备或装置组成的，它们之间必然存在相互联系和相互影响，在设计控制系统时必须从整个生产过程出发来考虑问题，为此自动控制专业人员必须与生产工艺专业人员密切配合，根据生产工艺过程特点选择被控变量和操作变量，选择合适的检测装置，选用适当的调节器、执行器及辅助装置等，组成工艺上合理、技术上先进、安装调试和操作方便的控制系统，使全套设备运转协调，在充分利用原料、能源、资金的情况下，安全优质、高效、低耗进行生产，获得良好的经济效益。

（1）被控变量和操作变量选择：选择被控变量和操作变量是设计单回路控制系统首先要考虑的问题，被控变量应能反映工艺过程，体现产品质量主要指标；操作变量应能满足控制稳定性、准确性、快速性等方面的要求，还应具有工艺上的合理性和经济性。

被控变量的选择是系统设计的核心问题，在一个生产过程中影响设备正常运行的因素很多，不可能全部进行控制，而是需要深入分析生产过程，找出对产品的产量和质量以及生产安全和节能等方面有决定性作用的变量作为被控变量。要注意的是，这些变量必须是可以测量的，如果需要控制的变量是温度、压力、流量或液位等，则可以直接将这些变量作为被控变量来组成控制系统，因为测量这些参数的仪表在技术上是很成熟的。

当被控变量选定之后就要选择哪个参数作为操作变量。被控变量是控制对象的输出，而影响被控变量的外部因素则是控制对象的输入。被控对象的输入往往有若干个，这就要从中选择一个作为操作变量，而其余未被选用的输入则成为系统的干扰。从控制的角度来看，干扰是影响控制系统正常稳定运行的破坏性因素，它使被控变量偏离目标值，而操作变量则抑制干扰的影响，把已经变化了的被控变量拉回目标值，使控制系统重新恢复稳定运行，通过深入分析控制对象各种输入变量对被控变量的影响，不难找出对被控变量影响最大的物理量作为操作变量。

（2）检测装置的选择：在控制系统中，被控变量要经过检测装置转换为电信号才能与目标值进行比较，得出偏差值再送到调节器。检测装置通常由传感器和变送器组成，传感器是用来将被控变量转换为一个与之相对应的信号，变送器则将传感器的输出信号转化为统一的标准信号如4 ~ 20mA或1 ~ 5V的直流信号。

控制系统对检测装置的基本要求是：①测量值能正确反映被控变量的数值，其误差不超过规定的范围。②测量值能及时反映被控变量的变化，即有快速的动态响应。③在工作环境条件下能长期可靠操作。

这些要求与传感器和变送器的类型、仪表的精度等级和量程，传感器和仪表的安装使用及防护措施都有密切的关系。

（3）调节器控制规律的选择：调节器的控制规律对控制系统的运行影响很大，不仅与系统的控制品质密切相关，而且对系统的结构和造价有很大的影响。工业控制系统常用的调节器在此做简要陈述。

①位式调节器：常见的位式调节器是双位式调节器。一般适用于滞后较小，负荷变化不大也不剧烈，控制质量要求不高，允许被控变量在一定范围内波动的场合。

双位式调节器的输出只有“接通”与“断开”两种截然不同的状态，这类控制元件品种很多，如温度开关、压力开关、液位开关、料位开关、光敏开关、声敏开关、气敏开关、定时开关、复位开关，等等。它们的结构比较简单、价格相对低廉，与之配套的执行器通常也选用开关器件如继电器、接触器、电磁阀、电动阀等，组成控制系统相当方便而且节省资金，能够满足一般的使用要求，因而应用相当广泛。

下面介绍的几种调节器都是连续作用的调节器，不仅需要使用能连续反映被测参数变化的检测装置，而且配套的执行器也必须根据调节器输出信号的强弱来改变施加给控制对象的操作变量的大小，这种连续调节系统比位式调节系统要复杂得多。

②比例控制：比例控制是最基本的控制规律，它的输出与输入成比例，当负荷变化时克服扰动的能力强，过渡过程时间短，但过程终了时存在余差，而且负荷变化越大余差也越大。

比例控制适用于系统滞后较小，时间常数也不大，扰动幅度较小，负荷变化不大，控制质量要求不高，允许有余差的场合。

③比例积分控制：由于引入的积分作用能够消除余差，所以是使用最多、应用最广的控制规律。但是加入积分作用后要保持原有的稳定性必须加大比例度（削弱比例作用），而使最大偏差和振荡周期相应增大，过渡过程时间延长。对于滞后较小，负荷变化不大，工艺上不允许有余差的场合，可以获得较好的控制效果。

④比例微分控制：由于引入的微分有超前控制作用，所以能使系统的稳定性

增加，最大偏差减小，加快了控制过程，改善了控制质量，适用于过程滞后较大的场合。对于滞后很小和扰动作用频繁的系统不宜采用。

⑤比例积分微分控制：微分作用对于克服滞后有显著效果，在比例基础上增加微分作用能提高系统的稳定性，加上积分作用能消除余差。PID 调节器有三个可以调整的参数，因而可以使系统获得较高的控制质量。它适用于容量滞后大，负荷变化、控制质量要求较高的场合。

（二）多回路系统

有些控制对象动特性比较复杂，滞后和惯性都很大，在采用单回路不能满足要求时，常常在对象本身再设法找一个或几个辅助变量作为辅助控制信号反馈回去，这样就构成了多回路系统。辅助变量的选择原则是它要比被控量变化快，且易于实现。在大多数情况下，往往还选择辅助变量的微分，以便反映变量的变化状况和趋势。比如直流电动机转速控制系统往往选电压和电流做辅助变量，或再加电压微分反馈，形成多路系统。又比如锅炉汽包液面控制也要求引入水量和蒸汽流量作为辅助量而构成多回路系统。

（三）串级系统

串级系统是多回路系统的另一种类型。它由主、副两个控制回路构成，被控量的反馈形成主控回路，另外把一个对被控量起主要影响的变量选作辅助变量形成副回路。串级系统与一般多回路系统的根本区别和主要特点在于副回路的给定值不是常量，是一个变量，其变化情况由被控量通过主调节器来自动校正。因此，副回路的输入是一个任意变化的变量。这就要求副回路必须是一个随动系统，这样其输出才能随输入的变化而变化，使被控量达到所要求的技术指标。

我们以晶闸管供电的直流电动机调速系统为例来说明串级控制系统的必要性。这时系统的被控对象（广义对象）是一个具有时滞的大惯性环节。如果我们只采用转速反馈的单回路系统，虽然转速反馈可以克服所有干扰对转速的影响，但由于被控对象的特性，控制质量并不理想。这是因为电源电压的波动和负载的干扰引起的后果，只有等被控量（转速）发生了变化，通过转速反馈回去与给定值比较，产生偏差，然后才能用偏差信号去克服干扰的影响。显然，这是不及时的。为了克服这种控制过程的滞后，会想到使用微分调节器，但是微分调节器并不能克服滞后特性对控制质量的不利影响，同时微分调节器还有放大噪声的缺点。怎样解决这个问题呢？我们知道，当电源电压波动或负载改变等干扰出现时，总是引起电动机电流的变化，在电动机启动、制动时，为了得到最大的加速和减速，在起、制动时希望电流保持正的或负的最大值。如果我们把对转速起主要影响的电流做辅助变量，组成一个电流控制回路，当干扰引起电流变化但尚未引起转速显著变化时，电流控制回路就进行了控制，从而能够更快地克服干扰对转速的影响，这就解决了转速单回路控制过程的滞后现象。如果只要电流控制回路而没有转速控制回路行不行呢？显然是不行的，因为电流控制回路只能保持电流的恒定，而不能保持转速的恒定，只有电流控制回路是不能实现转速控制的。必须两种控制回路同时采用，才能起到互相补充、相辅相成的作用。现在的问题是，这两个控制回路如何构成？转速要求恒定，所以转速给定应为恒值。对电流的要求却不是恒定的了，在起动和制动时，为使电动机尽快升速和减速，希望电动机保持正的或负的最大值；当负载改变时，为使转速保持恒定，也希望电流做相应的改变。所以电流控制回路的给定值应能适应转速的要求，其大小和变化应根据转速来决定。为使系统不致过于复杂，尽量不增加新的随转速而变化的电流给定装置，这时我们把转速调节器的输出作为电流控制回路的给定就可以完成上述要求。从结构上看，是把电流控制回路串在速度回路里了，所以这种控制系统叫作串级控制系统。在直流电动机调速系统中，转速控制回路是主回路，电流控制回路是副回路；相应地，我们把主回路的调节器叫作主调节器，副回路的调节器叫作副调节器。

由于串级控制系统由主、副两个控制回路构成，利用具有快速作用的随动副回路将加在被控对象的干扰在没有影响被控量以前就加以克服，剩余的影响或副回路无法克服的干扰由主回路克服。因此，串级控制系统适用于对象有滞后和惯性较大而且干扰作用较强和频繁的系统，例如化工或热工方面的精馏塔塔釜温度与流量串级控制系统，加热炉出口温度或燃料流量与压力或气体比值的串级控制系统，等等。

在拟定串级控制方案时应考虑以下几点：

（1）控制回路应包括主要干扰和尽量多的干扰因素在内，以便减小它们对被控量的影响，提高系统的抗干扰能力。

（2）使副控制回路包括系统广义对象的滞后和惯性较小的部分以减小滞后影

响和提高副回路的快速性。

（3）使主、副回路对象的时间常数适当匹配，一般使之比为 3 ~ 10。这样包括在副回路的干扰对被控量的影响较小。

（4）副回路的选择应考虑在工艺上的合理性与实现上的可能性与经济性。副回路的被控量（副变量）应为决定被控量（主变量）的主要因素。

（5）因副变量的给定值需要自动校正而采用串级控制时，被控量和主回路应能及时反映操作条件的变化。副回路应保证副变量快速而准确地跟踪主调节器的输出。

（四）比值系统

比值系统是使系统中一个或多个变量按给定的比例自动跟随另一个或多个变量的变化而变化的控制系统。比如，异步电动机的变频调速系统，要使定子电压与频率成比例地改变，而在低频（低速）时，由于定子电阻压降所占整个阻抗压降的比例增大，如果仍按比例变化，则转矩降低，甚至使电动机无法工作。因此，电压与频率必须按一定的函数关系进行变化，这一关系叫作比值系统的控制规律。可见，比值系统的控制规律不一定就是线性比例关系，它可能是一个任意函数关系。这一函数关系是由工艺情况决定的。当然也有只要求按一定比例进行控制的，例如加热炉中煤气和空气进入量必须保持一定的比例才能保证理想的燃烧情况。

事实上，比值系统可以看作更普遍的所谓指标控制系统的一种特例。有时一些工艺过程采用直接可测变量作为控制变量时并不能达到生产上的要求，或者能作为控制变量的量又无法测量，这时必须测量一些间接变量经过一定计算而得到所需要的变量。

（五）复合系统

以上几种都是根据反馈原理组成的控制系统。按反馈原理组成的系统，只有在干扰引起被控量出现偏差以后才能对系统进行控制，也就是当干扰引起“恶果”以后，才来采取纠正的措施，比较被动。由于干扰总是引起被控量变化，如果我们直接测量干扰，抢先一步，在事前就把干扰通过一个补偿环节再作用于被控对象，使它产生的作用正好和干扰直接作用在被控对象时产生的作用相反，两者抵消，自然就可以消除干扰的不利影响。因此，把这种方法称为前馈或正馈控制。显然，只有正馈也不能构成理想的系统，往往在采用正馈的同时还采用反馈。这样就组成了既有正馈又有反馈的复合控制系统。

六、常用调节器的控制规律

（一）系统设计与校正

当被控对象给定后，按照被控对象的工作条件，被控信号应具有的最大速度和加速度要求等，可以初步选定执行元件的型式、特性和参数。然后，根据测量精度、抗扰能力、被测信号的物理性质、测量过程中的惯性及非线性度等因素，选择合适的测量变送元件。在此基础上，设计增益可调的前置放大器与功率放大器。这些初步选定的元件以及被控对象适当组合起来，使之满足表征控制精度，阻尼程度和响应速度的性能指标要求。如果通过调整放大器增益后仍然不能全面满足设计要求的性能指标，就需要在系统中增加一些参数及特性可按需要改变的校正装置，使系统性能全面满足设计要求。

校正装置是电气的、机械的、气动的、液压的，或由其他形式的元器件组成。电气的校正装置有无源的和有源的两种，常用的无源校正装置有 R–C 网络、微分变压器等，应用这种校正装置时，必须注意它在系统中与前后级部件间的阻抗匹配问题。有源校正装置是以运算放大器为核心元件组成的校正网络，通常称之为调节器。调节器具有调节简单、使用方便等优点，被广泛应用于现代控制工程中，本节讨论常用调节器的控制规律。

（二）常用调节器的控制规律

调节器的功能是按照生产过程中目标值与被控变量的测量值进行比较后得出偏差的正负和大小，按照一定的规律向执行器发出控制信号，使被控变量与目标值相一致。调节器的输出信号随输入的偏差信号的变化而变化的规律就称为控制规律。常用的控制规律有双位控制、比例控制、比例积分控制、比例微分控制、比例积分微分控制等几种。不同的控制规律适用于不同要求和特性的工艺生产过程，调节器的控制规律如果选得不合适，不是增加投资费用，就是不能满足生产工艺要求，甚至造成严重事故，因此必须了解调节器的各种控制规律的特点及其适用条件，才能做出正确的选择。

（1）双位控制：双位控制是最早应用，也是最简单的控制规律，调节器的输出只有两个值，当偏差信号大于零（或小于零）时，调节器的输出信号为最大值；反之，则调节器的输出信号为最小值。

进一步的思考不难发现，理想的双位控制有一个很大的缺点，即调节器的控制机构（如继电器、电磁阀等）的动作非常频繁，因而使用寿命将大大缩短，很难保证控制系统的安全可靠运行。实际使用的双位调节器是有中间区的，即当测量值大于或小于目标值时，调节器的输出不会立即变化，只有当偏差达到一定数值时，调节器的输出才会发生突然改变。

还要注意的是，对于有时滞的控制系统，当调节器的输出已经切换，在其滞后时间之内，被控变量仍将继续上升或下降，从而使等幅振荡的幅度加大。系统的时滞越大，振荡的幅度也越大，在系统设计时要考虑这个问题。

双位调节器结构简单，容易实现控制，适用于被控对象时间常数较大，负荷变化较小；过程时滞小，工艺允许被控变量在一定范围内波动的场合，如恒温箱、电炉的温度控制以及压缩空气的压力控制、贮槽的液位控制等。

（2）比例控制：在双位控制系统中被控变量不可避免地会出现等幅震荡过程，因此只能适用于控制要求不高的场合。对于大多数控制系统，生产工艺要求在过渡过程结束后，被控变量能稳定在某一个值上，人们从多位控制和人工操作的实践中认识到当调节器的输出变化量与输入变化量（设定值与测量值之间的偏差）成比例时，就能实现这个目标，这就是比例控制。

调节器的输入变化量和输出变化量之间的关系是线性的，但在实际使用中由于执行器的输出变化量是有一定范围的，从而把调节器的输出变化量也限制在一定的范围内。

在工业控制系统中通常使用比例度来代替比例增益。比例度的物理意义为，要使调节器输出变化全量程时，其输入偏差变化量占满量程的百分数。比例度越小，要使调节器输出变化全量程，所对应的输入偏差变化量越小，比例增益就越大。

比例控制虽然可以使系统达到稳定，但控制结果存在余差，即被控变量的设定值与测量值之间有偏差，这是比例控制固有的特性所决定的，因为当系统受到干扰后，调节器的输出必须发生变化才能使系统达到新的平衡；而且只有调节器的输入发生变化，也就是系统的目标值与测量值之间有偏差时，调节器的输出才会发生变化，由此可见，余差是不可避免的。理论分析和实践经验都证明，余差的大小与比例增益或比例度关系非常密切，比例增益越大，最大偏差就越小，余差也越小，工作周期也越短，但系统的稳定性越差，当比例增益太大时系统可能出现等幅振荡甚至发散振荡，这是必须避免的。

比例增益的选取与控制对象的特性有关，如果对象是较稳定的，即对象的滞后较小，时间常数较大以及放大倍数较小时，比例增益可以取得大一些以提高整个系统的灵敏度，从而得到比较平稳并且余差又不太大的衰减振荡过渡过程；反之，如果控制对象的滞后较大，时间常数较小以及放大倍数较大时，比例增益就应该取得小些，否则达不到稳定的要求。

综上所述，比例控制是一种最基本的控制规律，具有反应速度快，控制及时，但控制结果有余差等特点，主要适用于干扰较小、对象的时滞较小，而时间常数较大、控制质量要求不高且允许有余差的场合。

（3）比例积分控制：所谓积分控制，就是调节器的输出变化与输入偏差值随时间的积分成正比的控制规律，也就是调节器的输出变化速度与输入偏差值成正比。

从积分控制的数学表达式和特性曲线图上可以看出，输出信号的大小不仅与偏差信号的大小有关，而且还取决于偏差存在的时间长短，当输入偏差出现时，调节器的输出会不断变化，而且偏差存在的时间越长，输出信号的变化量越大，直到偏差等于零时调节器的输出不再增加，此时余差为零，因此积分作用可以消除余差。

（4）比例微分控制：在比例作用的基础上增加了积分作用后可以消除余差，但是为了抑制超调必须减小比例增益，使控制系统的整体性能有所下降，特别是当对象滞后很大或负荷变化剧烈时，不能得到及时有效的控制，而且偏差变化速度越大，产生的超调就越大，也就需要更长的控制时间。在这种情况下，可以采用微分控制，因为比例和积分控制都是根据已形成的偏差进行动作的，而微分控制却是根据偏差的变化趋势进行动作的，从而可以抑制偏差增加的速度，缩短恢复稳定状态的过渡时间。

第三节 电气自动化控制系统的性能指标评述

控制系统性能的评价分为动态性能指标和稳态性能指标两类，动态性能指标又可分为跟随性能指标和抗扰性能指标。为了评价控制系统时间响应的性能指标，需要研究控制系统在典型输入信号作用下的时间响应过程。

在典型输入信号作用下，任何一个控制系统的时间响应都是由动态过程和稳态过程两部分组成。首先，是动态过程。动态过程又称过渡过程，指系统在典型输入信号作用下，系统输出量从初始状态到最终状态的响应过程。由于实际控制系统具有惯性、摩擦以及其他一些原因，系统输出量不可能完全复现输入量的变化。根据系统结构和参数选择情况，动态过程表现为衰减、发散或等幅振荡形式。显然，一个可以实际运行的控制系统，其动态过程必须是衰减的，换句话说，系统必须是稳定的。动态过程除提供系统稳定性的信息外，还可以提供响应速度及阻尼情况等信息。这些信息用动态性能描述。其次，是稳态过程。稳态过程指系统在典型输入信号作用下，当时间 t 趋于无穷大时，系统输出量的表现方式。稳态过程又称稳态响应，表征系统输出量最终复现输入量的程度，提供系统有关稳态误差的信息，用稳态性能描述。

一、动态性能

稳定是控制系统能够运行的首要条件，因此只有当动态过程收敛时，研究系统的动态性能才有意义。

（一）跟随性能指标

通常在阶跃函数作用下，测定或计算系统的动态性能。一般认为，阶跃输入对系统来说是最严峻的工作状态。如果系统在阶跃函数作用下的动态性能满足要求，那么系统在其他形式的函数作用下，其动态性能也是令人满意的。

描述稳定的系统在单位阶跃函数作用下，动态过程随时间 t 的变化状况的指标，称为动态性能指标。为了便于分析和比较，假定系统在单位阶跃输入信号作用前处于静止状态，而且输出量及其各阶导数均等于零。对于大多数控制系统来说，这种假设是符合实际情况的。单位阶跃响应 $c(t)$，其动态性能指标通常如下：

延迟时间 t_d，指响应曲线第一次达到其终值一半所需的时间。

上升时间 t_τ，指响应从终值 10% 上升到终值 90% 所需的时间；对于有振荡的系统，也可定义为响应从零第一次上升到终值所需的时间。上升时间是系统响应速度的一种度量。上升时间越短，响应速度越快。

峰值时间 t_p，指响应超过其终值到达第一个峰值所需的时间。

调节时间 t_s，指响应到达并保持在终值 ±5% 或 ±2% 内所需的时间。

超调量 $\sigma\%$，指响应的最大偏离量 $c(t_p)$ 与终值 $c(\infty)$ 的差与终值 $c(\infty)$ 比的百分数。

若 $c(t_p)$ 小于 $c(\infty)$ 则响应无超调。超调量也称为最大超调量或百分比超调量。

上述五个动态性能指标，基本上可以体现系统动态过程的特征。在实际应用中，常用动态性能指标多为上升时间、调节时间和超调值。通常用 t_τ 或 t_p 评价系统的响应速度；用 $\sigma\%$ 评价系统的阻尼程度；而 t，是同时反映响应速度和阻尼程度的综合性能指标。

（二）抗扰性能指标

如果控制系统在稳态运行中受到扰动作用，经历一段动态过程后，又能达到新的稳态，则系统在扰动作用之下的变化情况可用抗扰动性能指标来描述。

二、稳态性能

稳态误差是描述系统稳态性能的一种性能指标，通常在阶跃函数、斜坡函数、加速度函数作用下进行测定或计算。若时间趋于无穷时，系统的输出量不等于输入量的确定函数，则系统存在稳态误差。稳态误差是系统控制精度或抗扰能力的一种度量。

评价控制系统的性能，除了用以上动态性能指标和稳态性能指标外，还有以下几个最常用的指标：

（一）衰减比

衰减比是衡量控制系统过渡过程稳定性的重要动态指标，它的定义是第一个波的振幅 B 与同方向的第二个波的振幅 B' 之比，即 $n=B/B'$。显然对于衰减振荡来说，$n>1$，n 越小就说明控制系统的振荡越剧烈，稳定度越低；$n=1$，就是等幅振荡；n 越大，意味着系统的稳定性越好，根据实际经验，以 $n=4\sim10$ 为宜。有些场合采用衰减率串来表示。

（二）静差

静差即静态偏差，有些场合也称之为余差，它是控制系统过渡过程终结时被控变量实际稳态值与目标值之差，静差是反映控制准确性的一个重要稳定指标。系统受干扰作用的过渡过程，新的稳态值为 $c(\infty)$，如果原来的稳态值也就是目标值为 $c(0)$，两者相差为 c，这个系统就称为有差系统；目标值发生改变后系统的过渡过程，新的稳态值 $c(\infty)$ 如果和新的目标值一致，这个系统就称为无差系统。

还应指出，不是所有的控制系统都要求静差为零，通常只要静差在工艺允许的范围内变化，系统就可以正常运行。

（三）振荡周期 Tp

系统的过渡过程中，相邻两个同向波峰所经过的时间即振荡一周所需的时间称为振荡周期 T_p，其倒数就是振荡频率 ω。

必须指出，这些指标相互之间是有内在联系的，我们应根据生产工艺的具体情况区别对待，对于影响系统稳定和产品质量的主要控制指标应提出严格的要求，在设计和调试过程中优先保证实现，只有这样控制系统才能取得良好的经济效益。

第六章　电气控制技术

第一节　低压控制电器基础

电器是对电能的生产、输送、分配和应用进行切换、调节、检测及保护等作用的工具的总称，如开关、熔断器、接触器、继电器等。

电器是自动控制的重要元件之一。根据需要将电器按一定的逻辑关系组合起来，实现生产设备的自动化及半自动化。

电器种类繁多，用途也很广，电器通常按以下方法分类：

按电压等级分：工作电压以交流 1000V、直流 1200V 为界分为高压电器、低压电器。

按使用系统分：电力系统用电器、电力拖动及自动控制系统用电器、自动化通信系统用电器。

按工作职能分：手动操作电器、自动控制电器（自动切换电器、自动控制电器、自动保护电器）、其他电器（稳压及调压电器、启动与调速电器、检测与变换电器、牵引与传动电器）。

按电器组合分：单个电器、成套电器与自动化装置。

按电器的输出形式分：有触头（点）电器（通断电路的功能由触头来实现，如刀开关、接触器等）、无触头电器（通断功能不是通过接触，而是根据输出信号的高低电平来实现的，如晶闸管的导通与截止、三极管的导通与截止等）。

按使用场合分：一般工业用电器、特殊工矿用电器、农用电器、家用电器、其他场合（如航空、船舶、热带、高原）用电器。

按控制系统作用分：信号电器（将非电量，如位移、压力、温度等的变化转化为电信号的电器。这类电器有按钮、压力继电器、行程开关、热继电器等）、控制电器（是一种电器逻辑门。常见的为“与门”“或门”和“非门”，其输入和输出都是电信号，如电磁式继电器、接触器等）。

电器的分类方法很多，且相互交叉、覆盖。即某一电器按不同的分类方法，分属于不同的种类。如工作电压为380V的交流接触器，按不同分类方法分属低压电器、有触头电器和自动控制电器。

这里主要介绍自动控制系统用低压电器。

从结构上看，电器一般都具有两个基本组成部分：感测部分与执行部分。对于有触头的电磁式电器，感测部分大都是电磁机构，而执行部分是触头。对于非电磁式的自动电器，感测部分因其工作原理不同而各有差异，但执行部分仍是触头。

一、电磁式控制电器的电磁机构

（一）电磁机构的组成

电磁机构是各种自动化电磁式电器的主要组成部分之一，它将电磁能转换成机械能，带动触头使之闭合或断开。

电磁机构由吸引线圈和磁路两部分组成。磁路包括铁芯、衔铁、铁轭和空气隙。

电磁机构衔铁的运动方式，有衔铁绕铁轭的棱角而转动的拍合式铁芯，磨损较小，铁芯用软铁制成，适用于直流接触器、继电器；衔铁绕轴转动的拍合式铁芯，铁芯用硅钢片叠成，其铁芯形状有E形和U形两种，适用于触头容量较大的交流接触器；衔铁在线圈内做直线运动的双E型直动式铁芯，多用于交流接触器和继电器中。

电磁机构的磁路系统形状，有U形、E形两种。

电磁机构线圈的连接方式，有并联（电压线圈）和串联（电流线圈）两种。

电磁机构吸引线圈有直流线圈和交流线圈两种。它的作用是将电能转换成磁场能量。电磁式电器分为直流和交流两大类，通常直流电磁机构的铁芯用整块钢材或工程纯铁制成，而交流电磁铁的铁芯则用硅钢片叠铆而成。

直流电磁机构，因其铁芯不发热，只有线圈发热，其吸引线圈做成高而薄的瘦长型，且不设线圈骨架，使线圈与铁芯直接接触，易于线圈散热。交流电磁机构，由于其铁芯存在磁滞和涡流损耗，线圈和铁芯都发热，其吸引线圈设有骨架，使铁芯与线圈隔离并将线圈制成短而厚的矮胖型，有利于铁芯和线圈的散热。

（二）电磁机构的吸力特性

低压电器工作原理跟电磁铁原理相近，故电磁吸力是影响其可靠工作的一个重要参数。电磁机构的工作特性常用吸力特性和反力特性来表征。电磁机构的吸力与气隙的关系曲线称为吸力特性。

1. 直流电磁机构的吸力特性

对于具有电压线圈的直流电磁机构，因外加电压和线圈电阻不变，则流过线圈的电流为常数，不引起感应电动势，磁动势不变，与磁路的气隙大小无关。

当直流电磁机构的励磁线圈断电时，磁势就变为接近零，电磁机构的磁通也发生相应的变化，因而就会在励磁线圈中感生很大的反电势，可达线圈额定电压的 10 ~ 20 倍，易使线圈因过电压而损坏。为此在线圈上并联一个电阻和二极管串联的电路。线圈断电时，电阻与线圈形成一个放电电路，使原先储存于磁场中的能量转换成热能消耗于电阻上，不致产生过电压，二极管的作用是正常工作时让放电电路不工作。通常放电电阻可取线圈电阻的 6 ~ 8 倍。

直流电磁机构适合于动作频繁的场合，且吸合后电磁吸力大，工作可靠性好。

2. 交流电磁机构的吸力特性

对于具有电压线圈的交流电磁机构，设外加电压不变，交流吸引线圈的阻抗主要决定于线圈的电抗，电阻可忽略。

由上可知，对于可靠性要求高或频繁动作的控制系统应采用直流电磁机构。不采用交流的原因是一般 U 形交流电磁机构在线圈通电而衔铁尚未吸合瞬间，电流将达到吸合后额定电流的 5 ~ 6 倍，而 E 形电磁机构将达到 10 ~ 15 倍。如果衔铁卡住不能吸合或者频繁动作，就可能烧毁线圈。

由于铁磁物质有剩磁，它使电磁机构的励磁线圈失电后仍有一定的磁性吸力存在。剩磁的吸力随气隙的增大而减小。

（三）电磁机构的反力特性

电磁机构转动部分的静阻力与气隙的关系曲线称为反力特性。阻力的大小与作用弹簧、摩擦阻力以及衔铁质量有关。电磁机构使衔铁释放的力有两种：一种是利用弹簧的反力；一种是利用衔铁自身的重力。

（四）电磁机构吸力特性与反力特性的配合

电磁机构欲使衔铁吸合，在整个吸合过程中，吸力需大于反力，触头才能闭合接通电路。但也不能过大，否则会影响电器的机械寿命。反映在特性图上就是要保证吸力特性在反力特性的上方。当切断电磁机构的励磁电流释放衔铁时，其反力特性必须大于剩磁吸力，才能保证衔铁可靠释放。

在使用中常常调整反力弹簧或触头初压力以改变反力特性，就是为了使之与吸合特性良好配合。

对于单相交流电磁机构，由于磁通是交变的，当磁通过零时吸力也为零，吸合后的衔铁在反力弹簧的作用下将被拉开。磁通过零后吸力增大，当吸力大于反力时，衔铁又吸合。由于交流电源频率的变化，衔铁的吸力随之每个周波二次过零，因而衔铁产生振动与噪声，甚至使铁芯松散。因此交流接触器铁芯端面上都安装一个铜制的分磁环（或称短路环），使铁芯通过两个在时间上不相同的磁通，矛盾就解决了。

（五）电磁机构的输入－输出特性

电磁机构励磁线圈的电压或电流为其输入量，衔铁的位置为其输出量，衔铁位置与励磁线圈的电压或电流的关系称为输入－输出特性。这类矩形特性曲线统称为继电特性。

二、电磁式控制电器的执行机构

低压电器的执行机构一般由触头及其灭弧装置组成。

（一）触头

触头（触点）是电器的执行部分，起接通和分断电路的作用。

触头通常由动、静触头组合而成。触头的接触形式有三种：点接触，如球面对球面、球面对平面等；线接触，如圆柱对平面、圆柱对圆柱等；面接触，如平面对平面等。

点接触一般由两个半球形触头或一个半球形与一个平面形触头构成。它常用于小电流的电器中，如接触器的辅助触头或继电器触头。线接触区为一直线，触头接通或分断时产生滚动摩擦，接触过程。此种型式多用于中等容量的触头，如接触器的主触头。面接触的接触头最多，它允许通过较大的电流。这种触头一般在接触表面上镶有合金，以减小触头接触电阻和提高耐磨性，多用于较大容量接触器的主触头。

在常用继电器、接触器中，触头的结构形式主要有单断点指形和双断点桥式触头。

单断点指形触头的特点是只有一个断口，一般多用于接触器的主触头。其优点为闭合、断开过程中有滚滑运动，能自动清除表面的氧化物，以保证接触可靠，可采用铜或铜基合金触头材料；触头接触压力大，电动稳定性高；触头参数较易调节。其缺点是触头开距大，从而增大了电器体积；触头闭合时冲击能量大，并有软连接，不利于机械寿命的提高。

双断点桥式触头的优点是具有两个有效灭弧区域，灭弧效果很好。小容量交流接触器或继电器采用这种触头时，有利于熄弧；触头开距小，使电器结构紧凑，体积小；触头闭合时冲击能量小，无软连接，有利于提高机械寿命。这种触头的缺点是触头不能自动净化，触头材料必须用银或银基合金；每个触头的接触压力小，电动稳定性较低：触头参数不易调节。

触头从分离到闭合的接通过程中，经常发生机械振动，即触头的闭合—分离—再闭合过程的重复。产生振动的原因可以从撞击的角度来解释。触头是通过弹簧机构以保证有一定的接触压力，使接触可靠。在触头闭合瞬间，动触头要撞击静触头，随之，动触头在反作用力作用下被反弹，而使动静触头分离、动触头弹簧被压缩。一旦弹簧的张力大于该反作用力，动触头又被推向与静触头接触。这样，动静触头又碰撞、反弹。但弹回的距离一次比一次小，直到弹跳完全停歇，触头完全闭合。除机械碰撞外，触头电流仅从两触头间少数接触点流过，形成收缩状电流线，触头间的收缩电流产生的电动力也能导致触头振动，特别是当接通较大电流时，电动力的影响更加显著。

有触头电器接通被控电路是靠触头的闭合来实现的。触头一般都是选用导电率高的金属材料做成的。两个金属接触面总是凹凸不平的，只有少数点才能真正接触上。当触头接通电路时，触头实际上通电截面很小。此外，金属在空气中不免要氧化或硫化，在其表面生成氧化膜或硫化膜，其电阻率比金属本体大得多，这都使得触头接触处的电阻增大，此电阻称为触头接触电阻。希望接触电阻尽量小些，一般接触面积大、接触压力大、触头材料电阻率小、塑性形变好、表面光滑的触头接触电阻较小。

触头的机械振动会使触头表面产生电气磨损，当触头接触表面有熔化的金属时，一旦机械振动过程结束后，熔化了的金属便因失去电弧产生的大量热量而凝固，使动、静触头粘在一起，不能分开，而发生熔焊现象。适当增大触头弹簧的初压力、减小触头质量、降低触头的接通速度都可减少振动。

为了减小接触电阻及减弱接触头的振动，需要在触头间加一定的压力。此压力一般是由弹簧产生的。当动触头与静触头刚接触时，由于安装时动触头的弹簧已经被预先压缩了一段，因而产生一个初压力。初压力削弱接触振动，通过调节触头弹簧预压缩量来增减。触头闭合后弹簧在运动机构作用下被进一步压缩，运动机构运动终止时，弹簧产生终压力。终压力减小接触电阻。弹簧被进一步压缩的距离称为触头的超程，超程越大终压力亦越大。有了超程，使触头在被磨损的情况下仍具有一定的接触压力，使之能继续正常工作。

（二）灭弧装置

两个触头之间的接触，本质上说是许多个点的接触。因此，在两个触头分开时，会出现只有少数点在接触的现象，此处的电流密度可高达 $10^3 \sim 10^8 A/cm^2$，致使触头金属熔化，并随触头的互相分离形成熔化了的高温金属液桥。一旦金属液桥被拉断，触头就完全分开，而在断口处立即产生电弧。如果随着触头的分离，电弧被熄灭了，则相应的电路才被断开。

1. 电弧的产生

电弧实际上是一种气体放电现象。就是气体中有大量的带电质点做定向运动。当触头分离的瞬间，动、静触头的间隙很小，电路电压几乎全部降落在触头之间，在触头间形成很高的电场强度，以致发生场发射。发射的自由电子在电场作用下向阳极加速运动。高速运动的电子撞击气体原子时产生撞击电离。电离出的电子在向阳极运动过程中又将撞击其他原子，使其他原子电离。撞击电离的正离子则向阴极加速运动，撞在阴极上会使阴极温度逐渐升高，达到一定温度时，会发生热电子发射。热发射的电子又参与撞击电离。这样，在触头间隙中形成了炽热的电子流即电弧。

电弧一经形成，在弧隙中产生大量热能，其间的原子以很高的速度做不规则的运动并相互剧烈撞击，撞击结果使原子造成电离，这种因高温使原子撞击所产生的电离称为气体热游离。特别是当触头表面的金属蒸汽进入弧隙后，气体热游离的作用更占主要地位。

显然，电压越高、电流越大，即电弧功率越大，弧区温度越高，游离程度越激烈，电弧亦越强。伴随着电离的进行也存在着消电离的现象。消电离主要是通过正质点的复合进行的。温度越低，带电质点运动越慢，越容易复合。

带电触头的分断过程就是电弧的形成及抑制的过程。

当动、静触头于通电状态下脱离接触瞬间，间隙会产生电弧。电弧产生后，伴随高温产生并发出强光，将触头烧损，并使电路的切断时间延长，严重时还会引起火灾或其他事故。应采取措施熄灭电弧。根据上述电弧产生的物理过程可知，欲使电弧熄灭，应设法降低电弧温度和电场强度，以加强消电离作用。当电离速度低于消电离速度，则电弧熄灭。

2. 灭弧方法及灭弧装置

多断点灭弧在交流继电器和接触器中常采用桥式触头，这种触头有两个断点。交流电路在过零后，若一对断点处电弧重燃需要 150 ~ 250V 电压，则两对断点就需要 300 ~ 500V 电压。若断点电压达不到此值，电弧过零后因不能重燃而熄灭，所以有利于灭弧。一般交流继电器和小电流接触器采用桥式触头灭弧而不再加设其他灭弧装置。

根据需要可灵活地将两个极或三个极串联起来当作一个点使用，这组触头便成为多断点，加强了灭弧效果。

磁吹式灭弧装置的原理是使电弧处于磁场中间，电磁场力“吹”长电弧，使其进入冷却装置，加速电流冷却，使电弧迅速熄灭。在触头回路中串入吹弧线圈

（较粗的几匝导线，其间穿以铁芯增加导磁性），当电流逆时针流经吹弧线圈时，产生的磁通在触头周围。触头分开瞬间产生的电弧就是载流体，在磁通的作用下产生电磁力F，把电弧拉长并吹入灭弧罩中，将热量传递给灭弧罩壁，使其冷却并熄灭。这种灭弧装置利用电弧电流本身灭弧，因而电弧电流越大，吹弧能力也越强，并不受电路电流方向的影响，广泛应用于直流接触器中。

电动力灭弧是一种桥式结构双断口触头。当触头打开时，在断口中产生电弧，在电动力F的作用下，使电弧向外运动并拉长，加快冷却并熄灭。这种灭弧方法一般用于交流接触器等交流电器中。

灭弧栅片由许多镀铜薄钢片组成，片间距离为2～3mm，安放在触头上方的灭弧罩内。一旦发生电弧，电弧周围产生磁场，使导磁的钢片上涡流产生，将电弧吸入栅片，电弧被栅片分割成许多串联的短电弧，当交流电压过零时电弧自然熄灭，两栅片间必须有150～250V电压，电弧才能重燃。这样一来，一方面电源电压不足以维持电弧，同时由于栅片的散热作用，电弧自然熄灭后很难重燃。这是一种常用的交流灭弧装置。

灭弧罩比灭弧栅更为简单的是采用一个用陶土和石棉水泥做的耐高温的灭弧罩，用以降温和隔弧，用于交流和直流灭弧。上面提到的磁吹式和灭弧栅装置都带有灭弧罩。

窄缝灭弧方法是利用灭弧罩的窄缝来实现的。灭弧罩内只有一个纵缝，缝的下部宽些上部窄些。当触头断开时，电弧在电动力作用下进入缝内，窄缝可将电弧柱直径压缩，使电弧同缝壁紧密接触，加强冷却和消电离作用，使电弧熄灭加快。窄缝灭弧常用于交流和直流接触器上。

第二节　常用控制电器

一、低压电器的基本知识

低压电器指的是在交流 1 200V 及以下和直流 1 500V 及以下电路中起通断、控制、保护、检测、变换和调节作用的元件或设备。根据不同条件，低压电器有不同的分类方法。低压电器的发展，取决于国民经济的发展和现代工业自动化发展的需要，以及新技术、新工艺、新材料研究与应用。目前，低压电器正朝着高性能、高可靠性、小型化、数模化、模块化、组合化和零部件通用化的方向发展。

（一）低压电器的分类

1. 按电气元件所在的系统分类

按电器所在的系统可以分为低压配电电器和低压控制电器两类。

（1）低压配电电器主要是用在低压电网或动力装置中，对电路和设备进行保护及通断、转换电源或负载的电器，如熔断器、刀开关等。

（2）低压控制电器主要是用于低压电力拖动系统中，对电动机的运行进行控制、调节、检测和保护的电器，如接触器、继电器、主令按钮等。

2. 按电器动作的原理分类

按电器动作的原理可以分为手动电器和自动电器两类。

（1）手动电器是由人为操作发出动作指令，如刀开关、按钮等。

（2）自动电器是由电磁吸力使电器自动完成动作指令，如接触器、继电器、电磁阀等。

3. 按电器在系统中的作用分类

按电器在系统中所起的作用可以分为控制电器、检测电器、运算电器、保护电器和执行电器。

（1）控制电器是用于各种控制电路和控制系统中的电器，如接触器、继电器等。

（2）检测电器是用于系统中反馈各种信号及发出各种信号的电器，如电磁感应器、行程开关等。

（3）运算电器是用于把各种信号根据需要进行转换的电器，如中间继电器等。

（4）保护电器是用于对电路、系统、设备及人身安全起保护作用的电器，如漏电断路器、熔断器、热继电器等。

（5）执行电器是用于执行整个电路或系统的要求动作的电器，如电磁阀、电磁离合器等。

（二）常用低压电器

（1）熔断器：插入式熔断器、螺旋式熔断器、有填料密封式熔断器、无填料密封式熔断器、快速熔断器、自复式熔断器。

（2）低压隔离器：低压刀开关、熔断器式刀开关、组合开关。

（3）主令电器：控制按钮、行程开关、接近开关、转换开关、主令控制器。

（4）接触器：交流接触器、直流接触器。

（5）继电器：电磁式继电器、时间继电器、热继电器、速度继电器。

（6）低压断路器：万能式断路器、装置式断路器、快速式断路器、限流式断路器。

二、低压电器的基本结构

从结构上看，低压电器一般都具有两个基本部分，即感测部分和执行部分。感测部分接收信号，并通过转换、放大该信号，使执行部分进行动作。感测部分大多是电磁机构，执行部分一般是触点。电磁执行机构在常用低压电器中应用极为普遍，很多自动控制的电器中都应用了电磁执行机构，如接触器、电磁继电器、电磁离合器、电磁阀等。了解了电磁执行机构的原理就能很快掌握电磁式电器的工作原理，或者说，电磁执行机构是电磁式电器的基础。电磁执行机构主要由电磁机构、触点系统和灭弧系统三部分组成，并根据电磁感应原理工作。

（一）电磁机构

1. 电磁机构的工作原理

电磁机构由动铁芯（衔铁）、静铁芯和电磁线圈三部分组成，其作用是将电磁能转换成机械能，产生电磁吸力带动触点动作。衔铁和动触点相连，当电磁线圈通电时产生磁场，使衔铁和静铁芯磁化，并且相互吸引；衔铁带动动触点动作，使触点闭合接通电路；电磁线圈断电后，磁场消失，磁力也随之消失，这时在复位弹簧的作用下，衔铁复位，带动动触点与静触点分开，电路断开。

2. 电磁机构的分类

电磁机构按照衔铁运动方式可以分为衔铁绕棱角转动拍合式、衔铁绕轴转动拍合式、衔铁直线运动螺管式。电磁机构按照电磁线圈所通电流的种类可以分为直流线圈和交流线圈两种。

（二）触点系统

触点系统是执行部件，用来实现电路的接通或断开，有闭合状态、分断过程、断开状态三种工作状态。触点还有常开和常闭两种状态。当电磁线圈未通电，即衔铁没有动作时，触点处于断开状态的称为常开触点，又称动合触点；反之，当衔铁没有动作时，触点处于闭合状态，当衔铁动作吸合后，触点处于断开状态的触点称为常闭触点，又称动断触点。

触点按其所控制的电路可以分为主触点和辅助触点。主触点用于接通或断开主电路，允许通过较大的电流；辅助触点用于接通或断开控制电路，只能通过较小的电流。

触点按其形状不同可以分为桥式触点和指型触点。

触点按其接触形式不同可以分为点接触、面接触、线接触三种形式。

（1）点接触：由两个半球形触点或一个半球形与一个平面形触点构成，常用的小电流电器，如接触器的辅助触点等均是这种形式。

（2）面接触：是两个平面形的触点相结合，因接触面积大，所以允许较大的电流通过。但触点氧化性高、磨损严重，所以这种触点一般在接触表面上镶有合金。它多用于大容量接触器的主触点。

（3）线接触：它的接触区域是一条线，并且在接通、断开过程中有一个滚动的过程，这样可以自动清除触点表面的氧化物，保证了触点的良好接触。线接触多用于中容量的电器，如接触器的主触点。

（三）灭弧系统

1. 电弧产生与灭弧原理

动、静触点在分断过程中，由于瞬间的电荷密度极高，导致动、静触点间形成大量炽热的电荷流，产生弧光放电现象，即形成电弧。这种高温的电弧容易烧坏触点，降低其寿命，延迟电路切断时间，降低电器的工作可靠性，甚至可能导致事故。因此，在触点断开的瞬间应采取措施迅速灭弧。

根据电弧产生的原理可知，灭弧关键就在于抑制游离因素。因为弧隙中在气体游离的同时，还存在着正离子与自由电子的复合，电弧具有从密度高的地方向密度低的地方扩散的趋势，也有从温度高的地方向温度低的地方扩散的趋势，因此，加强抑制或除去游离因素，就能有效地熄灭电弧。直流电依靠拉长电弧和冷却电弧来灭弧；交流电由于有自然过零，所以在参数相同的情况下，交流电弧比直流电弧容易熄灭，其灭弧应发生在电流过零或接近过零点处。

2. 低压电器常用灭弧方法

（1）电动力灭弧：这是一种桥式结构双断口触点，当触点打开时，在触点间产生电弧，电弧电流在两个电弧之间产生。根据左手定则，电弧电流要受到一个指向外侧的电动力的作用，使电弧向外运动并拉长，迅速穿越冷却介质加快冷却后熄灭。这种方法多用于交流电器的灭弧。常用的灭弧罩装置就是利用这个方法实现灭弧的。灭弧罩多用耐弧陶土、石棉水泥或其他耐弧塑料制成，它可以分隔各路电弧，使电弧迅速冷却。

（2）金属栅片灭弧：当触点断开时，产生的电弧在电动力的作用下被推入一组金属栅片中，电弧被分割成很多段，栅片吸收电弧的热量，从而使电弧迅速冷却实现灭弧。这种原理应用于各种灭弧栅装置中，栅片由许多镀铜薄钢片组成，片间距 2 ~ 3mm，安放在触点上方的灭弧罩内。它常用于交流电器中灭弧。

（3）磁吹灭弧：在触点电路中串入一个磁吹线圈，当触点断开产生电弧时，根据左手定则，电弧电流要受到一个向上的电动力作用，使电弧拉长冷却达到灭弧。这种灭弧方式是利用电流本身灭弧的，电弧电流越大，灭弧也越强，所以广泛应用于直流电器中。

三、手动电器

（一）主令手动电器

主令电器是自动控制系统中用于发布控制指令的电器。主令电器的种类很多，如控制按钮、位置开关、万能转换开关、十字开关和主令控制器等。

1. 按钮

按钮是一种结构简单、应用广泛的主令电器。在低压控制电路中，用于发布手动控制指令。控制按钮是由按钮帽、复位弹簧、桥式触头和外壳等组成。按钮在外力作用下，首先断开常闭触头，再接通常开触头。复位时，常开触头先断开，常闭触头后闭合。

2. 组合开关

组合开关又称转换开关，一般用于电气设备电源引入开关，也可用于非频繁的通断电路、换接电源和负载，测量三相电压以及控制小容量感应电动机。

HZ10–10/3 型组合开关由动触头（片）、静触头（片）、转轴、手柄、定位机构及外壳等部分组成。其动、静触头分别叠装于数层绝缘壳内，当转动手柄时每层的动触片随方形转轴一起转动。转动手柄就可以将三对触头（彼此相隔一定角度）同时接通和断开。

3. 万能转换开关

万能转换开关是一种多挡位、控制多回路的组合开关，用于控制电路发布控制指令或远距离控制，也可作为电压表、电流表的换相开关或作为小容量电动机的启动、调速和换向控制。由于其换接电路多，用途广泛，故又称为万能转换开关。

目前常用的万能转换开关有 LW5、LW6 等系列。

LW6 系列万能转换开关由操作机构、面板、手柄及触头座等主要部件组成，其操作位置有 2 ~ 12 个，触头底座有 1 ~ 10 层，其中每层底座均可装三对触头，并由底座中间的凸轮进行控制。由于每层凸轮可做成不同的形状，因此，当手柄转动到不同位置时，通过凸轮自作用，可使各对触头按所需要的规律接通和分断。

LW6 系列万能转换开关还可装成双列型式，列与列之间用齿轮啮合，并由一个公共手柄进行操作，因此，这种转换开关装入的触头最多可达 60 对。

万能转换开关各挡位电路通断状况表示有两种方法：一种是图形表示法：一种是列表表示法。万能转换开关组合形式多样，通断关系十分复杂。要掌握电气控制设计，熟悉开关通断图表是非常重要的。对于一些触头形式特别复杂的开关，如 LW2、LWX1 系列等，通断图表上还有必要表示出其各层的触头位置图和触头形式代号。

（二）低压隔离器

低压隔离器是指在断开位置能符合规定的隔离功能要求的低压机械开关电器，而隔离开关是在断开位置能满足隔离器隔离要求的开关。

近年来，隔离开关和隔离器的发展非常迅速，常用产品除了 HD11 ~ HD14 及 HS11 ~ HS13（B）系列外，很多都是新开发或引进国外技术生产的新产品，这些产品在结构及技术性能上都较好。

刀开关是结构最简单，应用最广泛的一种手动隔离开关电器。在低压电路中作为不频繁接通和分断电路用，或用来将电路与电源隔离。

刀开关由操作手柄、触刀、静插座和绝缘底板组成。依靠手动实现触刀插入插座与脱离插座的控制。按刀数可分为单极、双极和三极。按结构分有平板式和条架式；按操作方式分为直接手柄操作式、杠杆操作机构式和电动操作机构式。

HD 系列和 HS 系列单投和双投刀开关适用于交流 50Hz，额定电压至 380V、直流至 440V，额定电流至 1500A 的低压成套配电装置中，作为不频繁的手动接通和分断交直流电路的隔离开关用。

HR3 系列熔断器式刀开关适用于交流 50Hz、额定电压 380V 和直流电压 440V、额定电流 100 ~ 600A 的工业企业配电网络中，作为用电设备的过负载和短路保护，以及不频繁地接通和切断电源。熔断器式开关是由 RTO 型熔断器、静触头、操作机构和底座组成的组合电器。具有熔断器和刀开关的性能，在正常馈电的情况下，接通和切断电源由刀开关承担，熔断器用作用电设备的短路保护或导线的过负载保护。HR3 系列开关都装有灭弧室，灭弧室是由酚醛纸板和钢板冲制的栅片铆合而成。熔断器式刀开关的熔断体固定在带有弹簧钩子锁板的绝缘横梁上，正常运行时，保证熔断体不脱扣，当熔体因电路故障而熔断后，只需按下钩子便可很方便地更换熔体。

Q 系列开关为 QA、QP 系列隔离开关和 QSA（HHI5）系列隔离开关熔断器组合名称。有 20 个规格，开关的额定电压交流 380 ~ 660V、直流 220 ~ 440V、额定电流 63 ~ 3150A；开关有两极、三极、三极带中性极（四极）等形式。

Q 系列开关标准化、系列化、通用化水平高，其每相有两组双断点的触头系统，通过改变触头连接形式可派生出不同系列的开关。

（三）低压断路器

低压断路器又称自动空气断路器，简称自动空气开关或自动开关。可用来分配电能，不频繁地启动异步电动机，对电源线路及电动机等实行保护。当发生严重的过载、短路及欠电压等故障时能自动切断电路，其功能相当于熔断器式的断路器与过流、欠压、热继电器的组合。而且在分断电流故障后一般不需要更换零部件，故得到广泛应用。低压断路器按结构形式分为万能式和塑料外壳式两类。

低压断路器主要由触头系统、操作机构和保护元件三部分组成。主触头由耐弧合金（如银钨合金）制成，采用灭弧栅片加陶瓷罩灭弧。其通断可用手柄操作，也可用电磁机构操作，大容量的断路器也可采用电动机操作；自动脱扣装置可处理各种故障，使触头瞬时动作，而与手柄的操作速度无关。

1. 低压断路器的常用类别

目前，中国常用的低压断路器主要有以下几个类别：

（1）万能式低压断路器：万能式低压断路器又称敞开式低压断路器，具有绝缘衬底的框架结构底座，所有的构件组装在一起，用作配电网络的保护。其主要型号有 DW10 和 DW15 两个系列。

（2）装置式低压断路器：装置式低压断路器又称塑料外壳式低压断路器，是用模压绝缘材料制成封闭型外壳将所有构件组装在一起，用作配电网络的保护和电动机、照明电路及电热器等的控制开关。其主要型号有 DZ5、DZ10、DZ20 等系列。

（3）快速断路器：快速断路器具有快速电磁铁和强有力的灭弧装置，最快动作时间可在 0.02s 以内，用于半导体整流元件和整流装置的保护。其主要型号有 DS 系列。

（4）限流断路器：限流断路器利用短路电流产生巨大的吸力，使触点迅速断开，能在交流短路电流尚未达到峰值之前就把故障电路切断。用于短路电流相当大（高达 70kA）的电路中。主要型号有 DWX15 和 DZX10 两种系列。

另外，中国引进的国外断路器产品有德国的 ME 系列、SIEMENS 的 3WE 系列，日本的 AE、AH、TG 系列，法国的 C45、SO60 系列，美国的 H 系列等。这些引进产品都有较高的技术经济指标，通过这些国外先进技术的引进，使中国断路器的技术水平达到了一个新的高度，为中国今后开发和完善新一代智能型的断路器打下了良好的基础。

2. 低压断路器的主要参数和技术数据

低压断路器的主要参数有额定电压、额定电流、极数、脱扣器类型及其额定电流、整定范围、电磁脱扣器整定范围、主触点的分断能力等。

低压断路器的主要技术参数有如下几项：

（1）额定电压：断路器在电路中长期工作时的允许电压值。

（2）断路器额定电流：指脱扣器允许长期通过的电流，即脱扣器额定电流。

（3）断路器壳架等级额定电流：指每一种框架或塑壳中能安装的最大脱扣器的额定电流，这就是过去常说的断路器额定电流。

（4）断路器的通断能力：指在规定操作条件下，断路器能接通和分断短路电流的能力。

（5）保护特性：指断路器的动作时间与动作电流的关系曲线。

3. 低压断路器的控制特性

（1）通断能力：通断能力是指在一定的实验条件下，自动开关能够接通和分断预期电流。常以最大的通断电流表示其极限通断能力。

（2）保护特性：①过流保护特性：是指断路器的动作时间与动作电流的关系曲线。②欠电压保护特性：是指当主电路电压低于规定值时，自动开关应瞬时或短延时动作将电路分断。③漏电保护特性：是指当电路漏电电流超过规定值时，自动开关在规定时间内动作分断电路。

（3）分断时间：分断时间是指从开关电器的断开开始到燃弧结束的时间间隔。

4. 低压断路器的选择及使用注意事项

（1）低压断路器的选择：低压断路器的额定电流和额定电压应大于或等于线

路、设备的正常工作电压和工作电流。①低压断路器的极限通断能力应大于或等于电路最大短路电流。②欠电压脱扣器的额定电压等于线路的额定电压。③过电流脱扣器的额定电流大于或等于线路的最大负载电流。

使用低压断路器来实现短路保护比熔断器优越，因为当三相电路短路时，很可能只有一相的熔断器熔断，造成单相运行。对于低压断路器来说，只要造成短路都会使开关跳闸，将三相同时切断。低压断路器还有其他自动保护作用，但它结构复杂，操作频率低，价格较高，因此，适用于要求较高的场合，如电源总配电盘等。

（2）低压断路器使用时的注意事项：低压断路器投入使用时应先进行整定，按照要求整定热脱扣器和电磁脱扣器的动作电流，以后就不应随意旋动有关的螺钉和弹簧。

在安装低压断路器时应注意把来自电源的母线接到开关灭弧罩一侧的端子上，来自电器设备的母线接到另外一侧的端子上。

在正常情况下，每 6 个月应对开关进行一次检修、清除灰尘等。

发生开断短路事故的动作后，应立即对触点进行清理，检查有无熔坏，清除金属熔粒、粉尘等，特别要把散落在绝缘上的金属粉尘清除掉。

四、自动电器

（一）接触器

接触器是利用电磁作用使触头闭合或断开大电流电路的自动切换电器。主要用于控制电机、电热设备、电焊机、电容器组等。它具有低电压释放保护功能。在电力拖动自动控制中被广泛应用。通常分为交流接触器与直流接触器。

1. 交流接触器

多用于远距离控制电压 380V 以下、电流 600A 以下的交流电路，频繁启动和控制电动机。

交流接触器由以下四部分组成：

电磁机构：由线圈、动铁芯（衔铁）和静铁芯组成。

触头系统：包括主触头和辅助触头。主触头用于通断主电路，有三对或四对常开触头，辅助触头用于控制电路，起电气连锁或控制作用，通常有两对常开常闭触头，分布在主触头两侧。

灭弧装置：容量在 10A 以上的接触器都有灭弧装置，对于小容量的接触器，常采用双断口桥形触头以利于灭弧。

其他部件：包括反作用弹簧、缓冲弹簧、触头压力弹簧、传动机构及外壳等。

当套在静铁芯上的吸引线圈通电后，产生电磁吸力，克服释放弹簧的反作用力将动衔铁吸合，动衔铁牵动触头系统动作，使常闭触头分断，常开触头闭合。当线圈断电后，磁力消失，动铁芯在释放弹簧的作用下返回原位置，触头恢复原状态，即常开触头分断，常闭触头闭合。控制吸引线圈的通断，就可控制接触器触头的通断，达到控制主电路的目的。

交流接触器多为三极，四极多用于双回路控制，五极用于多速电机控制或者自动式自耦减压启动器中。CJ10 系列适用于机床电气控制设备，CJ12 系列适用于冶金、轧钢及起重电气设备控制系统。EB、EH 系列交流接触器为 ABB 公司生产的新系列接触器，该系列接触器可与 T 系列热过负载继电器组成磁力启动器，供电动机控制及过负载，断相及失压保护用。

2. 直流接触器

直流接触器是通用性很强的电器，除用于频繁控制电机外，还用于各种直流电磁系统中。随控制对象及其运行方式不同，接触器的操作条件也有较大差别。铭牌上规定的电压、电流、控制功率及电气寿命，仅对应于一定类别的额定值。

直流接触器的结构和工作原理基本与交流接触器相同，主要区别是铁芯结构、线圈形状、触头形状数量和灭弧方式以及吸力特性、故障形式等方面。

CZ0 系列直流接触器广泛用于直流电压 440V 及以下、额定电流 600A 及以下的冶金、机床等电器控制设备中。分为两种结构。

额定电流为 150A 及以下的接触器是立体布置整体式结构，具有沿棱角转动的拍合式电磁系统。主触头灭弧系统固定在电磁系统的背面，安装架是磁轭本身。双断点桥式的主触头和磁吹横隔板陶土灭弧罩的灭弧系统，先装在绝缘基座上然后再固定在磁轮背面。动断主触头吸引线圈采用串联双绕组结构。组合式的桥式双断点辅助触头固定在主触头绝缘基座一端的两侧，有透明罩盖防尘。

额定电流为 250A 及以上的接触器是平面布置整体结构。电磁系统及主触头灭弧系统分别固定在安装底架上。采用沿棱角转动的拍合式电磁系统及串联双绕组吸引线圈，转动棱角上加装压棱装置。单断点的主触头由整块的镉铜制成，采用磁吹纵隔板陶土灭弧罩的灭弧系统。组合式的桥式双断点辅助触头固定在磁扼背上，有透明罩盖防尘。

接触器是频繁操作电器，应有较高的机械和电气寿命，该指标是产品质量重要指标之一。现在生产的接触器电器寿命可达 50 万 ~ 100 万次，机械寿命可达 500 万 ~ 1000 万次。

(二) 继电器

继电器是一种根据特定形式的输入信号而动作的自动控制电器。由承受、中间和执行机构三部分组成。承受机构反映继电器的输入量，并传递给中间机构，将它与预定的量即整定值进行比较，当达到整定值时，中间机构就使执行机构产生输出量，用于控制电路的开、断。继电器通常触头容量较小，接在控制电路中，主要用于反应控制信号，是电气控制系统中的信号检测元件；而接触器触头容量较大，直接用于开、断主电路，是电气控制系统中的执行元件。

继电器按输入量的物理性质分为电压继电器、电流继电器、功率继电器、时间继电器、温度继电器、速度继电器等；按动作原理分为电磁式继电器、感应式继电器、电动式继电器、热继电器、电子式继电器等；按动作时间分为快速继电器、延时继电器、一般继电器；按执行环节作用原理分为有触头继电器、无触头继电器。本节主要介绍控制继电器中的电磁式继电器等。

继电器的主要特点是具有跳跃式的输入 – 输出特性。另一个重要参数是吸合时间和释放时间。吸合时间是从线圈接收电信号到衔铁完全吸合时所需的时间；释放时间是从线圈失电到衔铁完全释放时所需的时间。一般继电器的吸合时间与释放时间为 0.05 ~ 0.15s，快速继电器为 0.005 ~ 0.05s，它的大小影响着继电器的操作频率。

电磁式继电器的结构与原理与接触器类似，是由铁芯、衔铁、线圈、释放弹簧和触头等部分组成。吸力特性、反力特性及其动作原理与接触器类似。其返回系数可通过调节释放弹簧松紧程度或调整铁芯与衔铁间非磁性垫片的厚薄来达到。

电磁式继电器种类很多，下面介绍几种较典型的电磁式继电器：

1. 电流继电器

电流继电器的线圈与被测量电路串联，以反映电路电流的变化，其线圈匝数少，导线粗，线圈阻抗小。这样通过电流时的压降很小，不会影响负载电路的电流，而仍可获得需要的磁势。电流继电器又有欠电流和过电流继电器之分。

欠电流继电器的吸引电流为线圈额定电流的 30% ~ 65%，释放电流为额定电流的 10% ~ 20%。用于欠电流保护或控制，在正常工作时，衔铁是吸合的，只有当电流降低到某一整定值时，继电器才释放，输出信号。过电流继电器在电路正常工作时不动作，当电流超过某一整定值时才动作，整定范围为 1.1 ~ 4.0 倍额定电流。

2. 电压继电器

电压继电器的线圈与负载并联以反映负载电压，其线圈匝数多而导线细。根据动作电压值不同，电压继电器有过电压、欠电压和零电压继电器之分。

3. 中间继电器

中间继电器属于电压继电器的一种，用来转换控制信号的中间元件。其触头数量较多，各触头的额定电流相同，一般为 5 ~ 10A，动作灵敏度高。中间继电器通常用来扩展触头的数量或容量，增加控制电路中控制信号的数量，以及作为信号传递、连锁、转换以及隔离用。

4. 时间继电器

凡是在敏感元件获得信号后，执行元件要延迟一段时间才动作的电器叫作时间继电器，是检测时间间隔的自动切换电器。线圈动作后，触头经过延时才动作，这类触头称为延时触头。此外，目前多数时间继电器附有瞬时触头（符号同中间继电器）。

时间继电器种类很多，按动作原理分有电磁式、空气阻尼式、电动式和电子式。按延时方式分为通电延时和断电延时型。现以空气阻尼式时间继电器为例说明其工作原理。

空气阻尼式时间继电器的特点是结构简单、工作可靠、延时的整定范围宽。适用于要求不高的场合，常用的有 JS7–A、JS23 等系列，其中 IS7–A 系列的延时范围分 0.4 ~ 60s 和 0.4 ~ 180s 两种。操作频率为每小时 600 次。触头容量为 5A，延时误差为 ±15%。

空气阻尼式时间继电器是利用空气阻尼原理获得延时的。它由电磁机构、延时机构和触头系统三部分组成。电磁机构为直动式双 E 型铁芯，触头系统是借用 LX5 型微动开关，延时机构采用气囊式阻尼器。通电延时型与断电延时型比较，仅是电磁铁倒置 180° 安装的，它们工作原理相似。

JS7–A 型通电延时型时间继电器线圈通电后，衔铁向下吸合并带动托板下移，活塞杆在释放弹簧的作用下，开始下降，但空气室的空气受进气孔处调节螺钉的阻碍而使活塞下降缓慢，到达最终位置时通过杠杆压动微动开关，使其常闭触头断开，常开触头闭合，起到通电延时作用。

5. 热继电器

热继电器是利用电流的热效应原理实现电动机的过载保护的一种自动电器。电动机过载一般发生在下列情况：三相电路断相，即单相运行、欠压运行、长期运行电动机负载增大；间歇运行的电动机操作频率过高；经常受启动电流冲击；反接制动以及环境温度过高等。只要电动机绕组不超过允许温升，这种过载是允许的。但过载时间过长，绕组温升超过了允许值时，将会加剧绕组绝缘老化，严重时甚至使电动机绕组烧毁。因此，长期运行电动机都应设置过载保护。它能在电动机过载时自动切断电源，使电动机停车。

热继电器主要由热元件、双金属片、触头系统等组成。双金属片是热继电器的感测元件，它由两种不同线膨胀系数的金属用机械碾压而成。线膨胀系数大的称为主动层，小的称为被动层。热元件串接在电动机定子绕组中，这样主电路中的电流既通过加热元件，也通过主双金属片，电动机正常工作时，热元件产生的热量仅能使双金属片产生较小弯曲，而不能推动导板移动。当过载时，流过热元件的电流增大，使双金属片产生较大弯曲推动导板使继电器触头动作。热继电器动作后，经过一段时间的冷却，主双金属片恢复原状，导板也退回原处。

为使常闭触头复位，可采用自动复位和手动复位两种方法。

自动复位：将复位螺钉顺时针方向转动，使它和静触头的距离缩短。当主双金属片冷却、导板退回原位，动触头在本身弹力作用下，能自动恢复与静触头接触，即常闭触头能自动恢复闭合。

手动复位：将复位调节螺钉逆时针方向转动，使它与静触头的距离加大。这样，即使导板退回原处，动触头也接触不到静触头，必须揿按再扣钮，在外力的帮助下使动触头回到与静触头相接触的位置。

热继电器自动复位时间不大于 5min ；手动复位时，在热继电器动作 2min

后，按再扣钮使之复位。

为使热继电器的动作不受环境温度变化的影响，设置了温度补偿双金属片。温度补偿片受热弯曲的方向与主双金属片受热弯曲方向一致。当受到环境温度影响时，主双金属片和温度补偿片受热弯曲而产生的位置移动是相同的，因此由导板移动而使热继电器动作的位移大小不会改变，这就达到了温度补偿的目的。采用温度补偿后，当环境温度在 -30℃ ~ 40℃的范围内变化时，动作特性基本上不受环境温度影响。

调整热继电器动作的电流称为整定电流。为使热继电器能更好地适应各种电动机的需要，故设置整定电流调节装置。

当整定电流调节旋钮转到不同位置时，推杆与动触头之间的相对距离不同。该距离越大，则使热继电器动作所需主双金属片的弯曲度也越大，亦即通过加热元件的电流应越大。一般热继电器整定电流的调节为 60% ~ 100%。例如，加热元件的额定电流为 100A，则整定电流可在 60 ~ 100A 的范围内调节。

6. 速度继电器

是用来反映转速和转向的自动电器。常用于鼠笼式异步电动机反接制动电路。又称为反接制动继电器。主要由转子、定子和触头三部分组成。转子是一个圆柱形永久磁铁。定子是一个笼形空心圆环，由硅钢片叠成，并有笼形绕组。

速度继电器其转子的轴与被控电动机的轴相连接，当电动机转动时，速度继电器的转子随之转动，当达到一定转速，定子在感应电流和力矩的作用下跟随转动，到一定角度时，装在定子轴上的摆柄推动簧片（动触片）动作，使常闭触头分断、常开触头闭合。当电动机转速低于 100r/min 时，定子产生的转矩减小，触头在簧片作用下复位。这样，就可以通过速度继电器相应触头的合、分来检测电动机是在转动还是停车，以及旋转的方向。

常用的速度继电器有 YJ1 型和 JFZ0。一般速度继电器的动作转速为 120r/min，触头的复位速度在 100r/min 以下。YJ1 型可在 700 ~ 3600r/min 范围内可靠工作，JFZ0-1 适用于 300 ~ 1000r/min，JFZ0-2 适用于 1000 ~ 3000r/min。

（三）行程开关

行程开关是根据运动部件的行程位置而切换电路的自动电器，其功能是感测运动部件的机械位移并转换成电信号。作用原理与按钮类似，动作时碰撞行程开关的顶杆，使触头动作。从结构上来看，行程开关可分为三个部分：操作机构、触头系统和外壳。

行程开关按结构分为直动式（如 XL1 系列）、摆动式（如 XL2 系列）和微动式（如 LXW–5 系列）。直动式的结构和按钮相似，缺点是触头的分合速度取决于挡块的移动速度，当挡块的移动速度低于 0.4m/min 时，因触头断开太慢易被电弧烧坏，这时应采用有瞬时机构的滚轮式或微动式。

X2 系列快速直动式行程开关：当推杆在外力作用下向下移动并与凹形轮相接触时，凹形轮也随着往下移动。移动到一定位置时，小轮在弹簧片的作用下，迅速滑入凹形轮的中间凹形部位。于是支杆绕转轴转动，同时使弹簧片（动触头）与静触头分断、与静触头结合，即常闭触头断开、常开触头闭合。外力消失后，凹形轮在弹簧的作用下返回原处，触头恢复原来的状态。其特点是触头动作迅速，适用于低速运动部件，触头断开时，电弧能迅速地熄灭。

LX2 系列摆动式行程开关：当装在运动部件上的挡块作用在滚轮上时，连杆转动，通过开口弹簧转动推杆，钢球沿丁字杆向右滑动并压紧钢球弹簧。当推杆使扣板解脱时，在贮能钢球弹簧的作用下，丁字杆带动触头转动，产生触头的快速换接。同时左边的扣板也在弹簧的作用下转动，以限制丁字杆的转角，也就限制了触头的行程。当滚轮上的压力消失后，弹簧使开关复位。

LXW 系列微动开关：当挡块作用于推杆时，通过两个弯形片状弹簧将作用力传递给动触头的触桥。在推杆上的凹形刀口通过触桥平面的瞬间触桥跳动，从而使常闭触头断开、常开触头闭合。开关的快速动作是靠弯形片状弹簧中储存的能量得到的。开关的复位由复位弹簧来完成。

（四）熔断器

熔断器是一种最简单有效而价廉的保护电器，是利用金属的熔化来切断电路的，通常串接在被保护的电路中，作为电路及用电设备的短路或严重过载的保护元件。熔断器由熔体和熔座组成，熔体（熔片或熔丝）用电阻率较高的易熔合金铅锡合金制成，也可用截面积甚小的良导体铜、银制成。

熔断器的作用原理可用保护特性或安秒特性来表示。安秒特性是指熔断电流与熔断时间的关系，具有反时限特性。熔断器作为过负载及短路保护电器具有分断能力高、限流特性好、结构简单、可靠性高、使用维护方便、价格低又可与开关组成组合电器等许多优点，所以得到广泛的应用。

1. 熔断器的结构和分类

（1）熔断器的结构：熔断器在结构上主要由熔断管（或盖、座）、熔体及导电部件等部分组成。其中熔体是主要部分，它既是感测元件又是执行元件。熔断管一般由硬质纤维或瓷质绝缘材料制成半封闭式或封闭式管状外壳，熔体则装于其内。熔断管的作用是便于安装熔体和有利于熔体熔断时熄灭电弧。熔体（又称熔件）是由不同金属材料（铅锡合金、锌、铜或银）制成丝状、带状、片状或笼状，它串接于被保护电路中。熔断器的作用是当电路发生短路或严重过载故障时，通过熔体的电流使其发热，当达到熔化温度时熔体自行熔断，从而分断故障电路。显而易见，熔断器在电路中起短路保护和严重过载保护的作用。

（2）熔断器的分类：熔断器的种类很多，按结构来分有半封闭插入式、螺旋式、无填料密封管式和有填料密封管式。按用途来分有一般工业用熔断器、半导体器件保护用快速熔断器和特殊熔断器（如具有两段保护特性的快慢动作熔断器、自复式熔断器）。

2. 熔断器的主要参数

（1）额定电压：额定电压是指熔断器长期工作时和分断后能够承受的电压，其值一般等于或大于电器设备的额定电压。

（2）额定电流：额定电流指熔断器长期工作时，设备部件温升不超过规定值时熔断器所能承受的电流。厂家为了减少熔断管额定电流的规格，熔断管的额定电流等级比较少，而熔体的额定电流等级比较多，也即在一个额定电流等级的熔断管内可以分装几个额定电流等级的熔体，但熔体的额定电流最大不能超过熔断管的额定电流。

（3）极限分断能力：极限分断能力是指熔断器在规定的额定电压和功率因数（或时间常数）的条件下，能分断的最大电流值，在电路中出现的最大电流值一般是指短路电流值。所以，极限分断能力也是反映了熔断器分断短路电流的能力。

（4）熔断电流：熔断电流是指通过熔体并使其熔化的最小电流。

3. 熔断器的类型选择

选择熔断器的类型时，主要依据负载的保护特性和短路电流的大小。

用于保护照明和电动机的熔断器，一般是考虑它们的过载保护，这时，希望熔断器的熔化系数适当小些，所以，容量较小的照明线路和电动机宜采用熔体为铅锌合金的 RC1A 系列熔断器。

而大容量的照明线路和电动机，除过载保护外，还应考虑短路时的分断短路电流能力，若短路电流较小时，可采用熔体为锡质的 RCIA 系列或熔体为锌质的 RM10 系列熔断器。

用于车间低压供电线路的保护熔断器，一般是考虑短路时的分断能力，当短路电流较大时，宜采用具有高分断能力的 RL1 系列熔断器；当短路电流相当大时，宜采用有限流作用的 RTO 及 RTI2 系列熔断器。

4. 快速熔断器

（1）快速熔断器的应用：快速熔断器用于保护硅半导体元件。通常，硅半导体元件的过载能力极低，它们在过载时只能在极短的时间内（数毫秒至数十毫秒）承受过载电流。如果任其工作于过载或短路条件下，则 PN 结的温度将迅速提升，硅元件迅速被烧坏。但是，一般熔断器的熔断时间是以秒计的，所以不能用来保护硅元件，必须采用在过载时能迅速动作的快速熔断器。

（2）快速熔断器的选用和技术数据：常用的快速熔断器是 RSO 和 RS3 系列，其结构与有填料密封式熔断器基本一致，但熔体材料和形状不同。它是以银片冲制的，有 V 形深槽的变截面熔体。RSO 系列快速熔断器用于大容量的硅整流元件的过载和短路保护，而 RS3 系列快速熔断器用于晶体管的过载和短路保护。此外，还有 RLS1 和 RLS2 系列的螺旋式快速熔断器，其熔体为银丝，它们是用于小容量的硅整流元件和晶闸管的短路或某些适当的过载保护。

引进的产品有专为保护硅半导体元件用的 NGT 系列熔断器，它的结构也是有填料封闭管式，在管体两端装有连接板，用螺栓与母线排相接。该系列熔断器功率损耗小、特性稳定、分断能力高，可达 100kA。

五、现代低压电器

这里从低压电器产品的发展介绍新型的电子电器、智能电器以及具有联网功能的网络电器。许多新技术的发展与应用都带动了低压电器的发展。高性能、小型化、电子化、智能化，模块化、组合化、多功能化以及可通信功能是低压电器发展的趋势。这种发展带来了崭新的控制理念，改变了传统的控制系统结构，尤其是底层网络——现场总线的出现和发展，更是促进了低压电气产品的智能化和可通信化，并使电气控制系统发生了根本的变化。“电气控制技术”的外延和内涵已从根本上改变。网络无处不在，现代电器产品不但处在控制网中，而且可和Internet相连。

低压电器产品的发展大致可分为四代。

第一代产品。以DW10、DZ10、CJ10等系列为代表的17个系列产品，其性能指标低、体积大、耗材、耗能、保护特性单一、规格及品种少，市场占有率为20% ~ 30%（以产品台数计算）。

第二代产品。以DW15、DZ20、CJ20为代表共56个系列。技术引进产品以ME、TO、TG、3TB、B系列为代表，共34个系列。达标攻关产品40个系列，技术指标明显提高，保护特性较完善，体积缩小，结构上适应成套装置要求。市场占有率为50% ~ 60%。

第三代产品。为DW45、S、CJ45（CJ40）等系列产品，具有高性能、小型化、电子化、智能化、组合化、模块化、多功能化等特点。市场占有率为5% ~ 10%，如智能断路器、软启动器等。第三代电器产品虽然具有上述特征，但由于通信能力的限制，不能很好地发挥智能产品的作用。

第四代产品。这种产品除了具有第三代低压电器产品的特征外，其主要技术特征是可通信，能与现场总线系统连接。

第四代低压电器产品的技术特征：①第四代低压电器产品必须有完整的体系。②带有通信接口，能方便地与现场总线连接。③整个体系产品强调标准化。其标准化内容包括：通信协议实行开放式、标准化；国内生产的开关电器与通信接口之间的通信方式、规约应有统一标准；系统中各种通信接口、辅助模块、连接器的结构、安装与连接方式应标准化；同类产品应具互操作性。④可通信电器产品母体应符合高性能、小型化、模块化、组合化的要求。

我国开发的第三代产品已带有智能化功能，但是单一智能化电器在传统的低压配电、控制系统中很难发挥其优越性，产品价格相对较高，难以全面推广。采用现场总线系统后使智能化低压电器功能得以充分利用，同时由于系统成本较原有计算机网络，系统大幅度下降，使智能化低压电器的应用成为现实。

电子式电器是全部或部分由电子器件构成的电器。电子技术已经渗透到各个领域，在各种电量与非电量的信号检测电器中得到了很好的发展，不但大大提升了检测的性能指标，而且电器相应的检测功能得到广泛的拓展；电力电子开关器件在电子执行器中得到了广泛的应用，产生了软启动器、固态继电器等新型的电器，它们的开关速度高、寿命长、控制功率小、功能强，易于与计算机接口。

智能型低压电器控制的核心是具有单片计算机功能的微处理器，智能型低压电器的功能不但覆盖了全部相应的传统电器和电子电器的功能，还扩充了测量、显示、控制、参数设定、报警、数据记忆及通信等功能。除了通用的单片计算机外，各种专用的集成电路如漏电保护等专用集成电路、专用运算电路等的采用，减轻了 CPU 的工作负荷，提高了系统的速度。另外，系统集成化技术、新型的智能化和集成化传感器的采用，使智能化电气产品的整体性提高一个档次。尤其是可通信智能电器产品，适应了当前网络化的需要，有良好的发展前景。下面介绍几种电子电器和智能电器：

（一）接近开关

接近开关是一种无触头行程开关，它是一种非接触型的物体位置检测装置。当某种物体与之接近到一定距离时它就发出动作信号，而无须机械接触，是通过其感应头与被测物体间介质能量的变化来获取信号。接近开关不仅仅避免了机械行程开关触头容易损坏等缺点，其应用已远远超出一般行程控制和限位保护的范畴。它广泛用于高速脉冲发生、高速计数、测速、液面控制、无触头按钮等。即使用于一般的行程控制，它的定位精度、操作频率、使用寿命和对恶劣环境的适应能力也优于一般机械式行程开关。

接近开关可根据其传感机构工作原理的不同分为下列几种形式：①高频振荡型用于检测各种金属；②电容型用于检测各种导电或不导电的液体及固体；③电磁感应型用于检测导磁和非导磁金属；④永久磁铁型及磁敏元件型用于检测磁场及磁性金属；⑤光电型用于检测不透光的物质；⑥超声波型用于检测不透过超声波的物质。

无论哪种形式，都是由接近信号发生机构以及后级的检波、鉴幅和输出电路构成。其中高频振荡型最为常用，它占全部接近开关产量的 80% 以上。下面介绍一种晶体管停振型接近开关。

信号的发生机构实际上是一个 LC 振荡器，其中 L 是电感式感应头。当金属检测体接近感应头时，在金属检测体中将产生涡流，由于涡流的去磁作用使感应头的等效电感参数发生变化，进而改变振荡回路的谐振阻抗和谐振频率，使振荡减弱，直至停止，并以此发出接近信号。

（二）电子时间继电器

电子时间继电器分为晶体管时间继电器和数字式时间继电器。

晶体管时间继电器除执行继电器外，均由电子元件组成，具有延时范围宽、调节范围大、控制功率小、体积小、精度高、寿命长的优点，正日益得到广泛应用。

晶体管时间继电器分为通电延时型、断电延时型和带瞬动触头的通电延时型。均是利用电容对电压变化的阻尼作用作为延时的基础。即时间继电器工作时，通过电阻对电容充电，待电容上电压值达到预定值时，驱动电路使执行继电器接通实现延时输出，同时自锁并放掉电容上的电荷，为下次工作做好准备。下面介绍典型的JS20系列晶体管时间继电器，所用电路分为两类，一类是单结晶体管电路，另一类是场效应管电路。

JSF系列电子式时间继电器选用国产优质元器件，具有时钟信号输出，配合专用时间校验器，能快速地将JSF继电器整定到所需要的延时值，因而减少了调整时间。

ST6P系列电子式时间继电器为目前国际上较新式时间继电器之一。它内部装有时间继电器专用的大规模集成电路，并使用高质量薄膜电容器与金属陶瓷可变电阻器，从而减少了元器件数量，缩小了体积，增加了可靠性，提高了抗干扰性能。另外采用了高精度振荡回路和高分频回路，保证了高精度及长延时。

数字式时间继电器较之晶体管式时间继电器来说，延时范围可成倍增加，调节精度可提高两个数量级以上，控制功率和体积更小，适用于各种需要精确延时的场合以及各种自动化控制电路中。这类时间继电器功能特别强，有通电延时、断电延时、定时吸合、循环延时四种延时形式和十几种延时范围供用户选择，这是晶体管时间继电器不可比拟的。

（三）热敏电阻式温度继电器

温度继电器是按温度原则动作的继电器。分为两种，一种是双金属片式（在本书不介绍，可参考相关书籍），一种是热敏式的电子温度继电器。这种继电器外形跟晶体管式时间继电器相似，但作为温度的检测元件不装在继电器中，而是装在电动机定子槽内或绕组的端部（温升最高处）。直接检测绕组的温度对电动机进行保护。

热敏电阻埋入式温度继电器可用来保护电动机绕组由于过载、断相、散热不良等任何原因引起的过热。温度继电器的本体是通用的，而热敏电阻要根据动作温度的不同来选配，并要具有明显居里点的巨变型（开关型）正温度系数。由于其居里点附近有极高的温度系数，所以该继电器灵敏度很高。但只能工作在居里点附近，因此动作值的可调范围很窄，对应不同的保护动作温度就必须选配不同居里温度的热敏电阻。

一个热敏电阻只能检测一相绕组的温度，因此一台三相电动机至少需要三个热敏电阻。对于大、中型电动机和某些特种电机，如需考虑多监测几个位，则需在每相绕组的几处地方都埋设热敏电阻。

（四）固态继电器

固态继电器是采用固体半导体器件组装而成的一种新型无触头开关。它利用电子器件（开关三极管、双向晶闸管等半导体器件）的开关特性达到无触点无火花通断。

随着微电子技术的不断发展，在现代的自动化控制设备中新型电子器件以弱控强技术的应用越来越广泛。一方面要求电子电路的输出信号能够控制强电电路的执行元件，另一方面又要为强、弱电之用提供良好的电隔离，以保护电子电路和人身的安全，固态继电器起到这一作用。

由于它的接通和断开没有机械接触部件，因而具有控制功率小、开关速度快、工作频率高、使用寿命长、很强的耐振动和抗冲击能力、动作可靠性高、抗干扰能力强、能承受的浪涌电流大、对电源电压的适应范围广、耐压水平高、噪声低等一系列优点。目前，固态继电器不仅在许多自动化控制装置中代替了常规电磁式继电器，而且广泛应用于数字程控装置、微电机控制、调温装置、数据处理系统及计算机终端接口电路，尤其适用于动作频繁、防爆耐潮和耐腐蚀等特殊场合。

固态继电器是四端器件，其中两个为输入端，两个为输出端，中间采用隔离器件，以实现输入与输出之间的电隔离。

以负载电源类型可分为：直流型和交流型固态继电器。直流型以功率晶体管作为开关元件，交流型以晶闸管作为开关元件。

以输入输出之间的隔离形式分为：光电耦合隔离和磁隔离。

以控制触发信号可分为：过零型和非过零型、有源触发型和无源触发型。

（五）智能型断路器

智能型断路器（智能型脱扣器）是指具有智能化控制单元的低压断路器。

智能型断路器与普通断路器一样，也有基本框架（绝缘外壳）、触头系统和操作机构，所不同的是普通断路器上的脱扣器现在换成了具有一定人工智能的控制单元，其核心是具有单片计算机功能的微处理器，其功能不但覆盖了全部脱扣器的保护功能（如短路保护、过流过热保护、漏电保护、缺相保护等），而且还能够显示电路中的各种参数（电流、电压、功率、功率因素等）。各种保护功能的动作参数也可以显示、设定和修改。保护电路动作时的故障参数，可以存储在非易失存储器中以便查询。还扩充了测量、控制、报警、数据记忆及传输、通信等功能，其性能大大优于传统的断路器产品。

智能型可通信断路器属第四代低压电器产品。随着集成电路技术的不断提高，微处理器和单片机的功能越来越强大，成为第四代低压电气的核心控制技术。专用集成电路如漏电保护、缺相保护专用集成电路、专用运算电路等的采用，不仅能减轻 CPU 的工作负荷，而且能够提高系统的相应速度。另外，断路器要完成上述的保护功能，就要有相应的各种传感器。要求传感器要有较高的精度、较宽的动态范围同时又要求体积小，输出信号还要便于与智能控制电路接口。故新型的智能化、集成化传感器的采用可使智能化电气开关的整体性提高一个档次。

智能化断路器是以微处理器为核心的机电一体化产品，使用了系统集成化技术。它包括供电部分（常规供电、电池供电、电流互感器自供电）、传感器、控制部分、调整部分以及开关本体。各个部分之间相互关联，又相互影响。如何协调与处理好各个组成部分之间的关系，使其既满足所有的功能，又不超出现有技术条件所允许的范围（体积、功耗、可靠性、电磁兼容性等），就是系统集成化技术的主要内容。

单片机对各路电压和电流信号进行规定的检测。当电压过高或过低时发出缺相脱扣信号。当缺相功能有效时，若三相电流不平衡超过设定值，发出缺相脱扣信号，同时对各相电流进行检测，根据设定的参数实施三段式（瞬动、短延时、长延时）电流热模拟保护。

目前，国内生产智能型断路器的厂家还不多，其中有的是国内协作生产的，如贵州长征电器九厂的MA40B系列智能型万能式断路器、上海人民电器厂的RMW1系列智能型空气断路器；有的是引进国外技术生产的，如厦门ABB低压电器设备有限公司引进ABBSACE公司的技术和设备生产的F系列万能式断路器。下面简要介绍F系列断路器：

F系列万能式断路器是以ABBSACE公司的技术和设备生产的新型断路器，适用于交流50Hz或60Hz、额定电压为690V及以下的配电网络、直流250V及以下的电路中，作为分配电能和设备、电路的过负载、短路、欠电压、接地故障保护以及在正常条件下电路不频繁转换之用。

F系列断路器具有分断能力高、规格多、安全性能好、使用可靠、维护方便、采用模块式结构、结构紧凑、体积小等优点。智能化的微处理器式过电流脱扣器保护功能齐全，如过电流保护、接地故障保护、保护区域选择性连锁等。配上控制、测量、对话单元后，具有多种故障报警、各种电气参数的测量、主触头磨损率、断路器通断次数的显示以及与电网计算机管理系统进行数据传输的功能。

F系列断路器的额定绝缘电压为1000V，额定冲击耐受电压为12kV，工频试验电压为3500V。断路器按分断短路电流的能力分为普通型（代号B，N，S）、高分断型（H，V）、限流型（L）等。

F系列断路器装设的微处理器式过电流脱扣器，有PR1型和AR1型（AR1型微处理器过电流脱扣器仅用于交流回路）两种形式。断路器的每极装有一个电流互感器，过电流脱扣器以电流互感器的二次电流为额定电流，便于微处理器分析控制。

下面仅介绍PR1型微处理器过电流脱扣器：

PR1型微处理器过电流脱扣器具有保护、监控、参数测量及与计算机管理系统进行数据通信等功能。它由以下各元件组成。①保护单元PRI/P；PR1/P是过电流脱扣器的基本单元，其保护功能有过负载长延时、短路短延时、短路瞬时及接地故障保护等。②电流表单元PR1/A：PRI/A可测量显示各电路上的电流及接地故障电流。③控制单元PRI/C：PR1/C具有测量功能，可测量显示各电路上的电流及接地故障电流，电源频率。配上专用的电压互感器还可测量电压、有功功率、功率因数。控制单元还具有保护区域选择性连锁功能，适用于短路定时限及接地故障保护的定时限保护。单元内还设有多种事故和预告报警触头以及主触头磨损率和断路器操作次数显示。④对话单元 PR1/D：PR1/D 可与中央计算机管理系统实现数据传输（双向对话），并可对保护单元进行保护整定值的现场或远程电子编程整定。

六、主要电气元件故障诊断与维修

各种低压电气元件，在正常状态下使用或运行，都存在自然磨损现象，有一定的机械寿命和电气寿命。操作不当、过载运行、日常失修等，都会加速电气元件的老化，缩短其使用寿命。

（一）电磁式电器共性故障诊断与维护

一般电磁式电器，通常由触点系统、电磁系统和灭弧装置等组成，而触点系统和电磁系统是电磁式低压电器的共性元件，这部分元件经过长期使用或使用不当，可能会发生故障而影响电器的正常工作。

1. 触点的故障及维修

触点是有触点低压元件的主要部件，它担负着接通和分断电路的作用，也是电器中比较容易损坏的部件，触点常见的故障有触点过热、磨损和熔焊等。

（1）触点过热：造成触点过热的主要原因：触点接触压力不足；触点表面接触不良；触点表面被电弧灼伤烧毛等，这些原因都会使触点接触电阻增大，使触点过热。

解决方法：对于由于弹簧失去弹性而引起的触点压力不足，可通过重新调整弹簧压力或更新弹簧解决；对于触点表面的油垢、积垢或烧毛，可以用小刀刮去或用锉刀锉去。

（2）触点磨损：触点磨损有两种：一种是电器磨损，由触点间电弧或电火花的高温使触点金属气化和蒸发造成的；另一种是机械磨损，由触点闭合时的撞击、触点表面的相对滑动摩擦等造成。

解决办法：当触点磨损至原有厚度的 2/3 或 3/4 时应更换新触点。另外，超行程不符合规定时，也应更换新触点。若发现磨损过快，应查明原因。

（3）触点熔焊：动、静触点接触面在熔化后被焊在一起而断不开的现象，称为触点的熔焊。当触点闭合时，由于撞击和产生振动，在动、静触点间的小间隙中产生短电弧，电弧的高温使触点表面被灼烧甚至被烧熔，熔化的金属液便将动、静触点焊在一起。

发生触点熔焊的常见原因：触点选用不当，容量太小；负载电流太大；操作频率过高；触点弹簧损坏，使压力减小。

解决办法：更换新触点。

2. 电磁系统的故障及维修

电磁系统也是低压电气元件的主要部件，它主要用来产生电磁力的作用。它在电路中电压过高或电流过大时容易被烧坏。常见的故障包括衔铁、线圈的故障等。

（1）衔铁振动和噪声：产生振动和噪声的主要原因：短路环损坏或脱落；衔铁歪斜或铁芯端面有锈蚀、尘垢使动、静铁芯接触不良；反作用弹簧压力太大；活动部分机械卡阻而使衔铁不能完全吸合等。

（2）线圈过热或烧毁：线圈中流过的电流过大时，就会使线圈过热甚至烧毁。发生线圈电流过大的原因有以下几个方面：线圈匝间短路；衔铁与铁芯闭合后有间隙；操作频繁，超过了允许操作频率；外加电压高于线圈额定电压等。

（3）衔铁不释放：当线圈断电后，衔铁不释放，应立即断开电源开关，以免发生意外事故。

衔铁不释放的主要原因：触点熔焊在一起，铁芯剩磁太大；反作用弹簧力不足；活动部分机械卡阻；铁芯端面有油污等。上述原因都可能导致线圈断电后衔铁不能释放，触点不能复位等。

（4）衔铁不能吸合：当交流线圈接通电源后，衔铁不能吸合时，应立即断开电源，以免线圈被烧毁。衔铁不能吸合的原因：线圈引出线脱落、断开或烧毁；电源电压过低；活动部分卡阻。

（二）常见电器故障诊断与维修

1. 刀开关的常见故障与维修

刀开关的常见故障及维修如表 6–1 所示。

表 6-1 刀开关常见故障及维修

序号	故障现象	故障原因	维修方法
1	开关触点过热或熔焊	刀片、刀座烧毛 速断弹簧压力不足 刀片、刀座表面氧化 刀片动、静触点插入深度不够 带负荷启动大容量设备，大电流冲击	修磨动、静触点 调整放松螺母 清除表面氧化层 调整操作机构 避免违规操作 排除短路点
序号	故障现象	故障原因	维修方法
2	开关与导线接触部位过热	有短路电流 连接螺母松动，弹簧垫圈失效，螺栓过小，过渡接线因金属不同而发生电化学反应	紧固螺母，更换垫圈 更换螺栓 采用铜铝过渡线
3	开关合闸后缺相	静触点弹性消失或开口过大，闸刀与夹座未接触 熔丝熔断或虚接触触点表面氧化或有尘垢 进出线氧化，造成接线柱接触不良	修整静触点 更换熔丝，拧紧连接熔丝的螺母 清洁触点表面氧化物 清除氧化层
4	铁壳开关操作手柄带电	电源进出线绝缘不良 碰壳或开关接地线接触不良	更换导线紧固接地线

2. 按钮的常见故障与维修

按钮的常见故障及维修如表 6–2 所示。

表 6-2　按钮的常见故障及维修

序号	故障现象	故障原因	维修方法
1	按启动按钮时有麻电感觉	按钮帽的缝隙钻进了金属粉末或铁屑等，按钮防护金属外壳接触了带电导线	清扫按钮，给按钮罩一层塑料薄膜 检查按钮内部接线，清除碰壳
2	按停止按钮时不能断开电路	按钮非正常短路所致 铁屑、金属末或油污短接了动断触点 按钮盒胶木烧焦碳化	清扫触点 更换按钮
3	按停止按钮后，再按启动按钮，被控电路电器不动作	停止按钮的复位弹簧损坏 启动按钮动合触点氧化，接触不良	调换复位弹簧 清扫、打磨动静触点

3. 接触器的故障诊断与维修

接触器使用寿命的长短，不仅取决于产品本身的技术性能，而且与使用维护是否符合要求有很大关系。运行部门应制定有关制度，对运行中的接触器进行定期保养，以延长其使用寿命和确保其安全。

接触器检查与维修项目如下：

（1）外观检查：看接触器外观是否完整无损，各连接部分是否松动。

（2）灭弧罩检查：取下灭弧罩，仔细察看有无破裂或严重烧损；灭弧罩内的栅片有无变形或松脱，栅孔或缝隙是否堵塞；清除灭弧室里的金属飞溅物和颗粒。

（3）触点检查：清除触点表面上烧毛的颗粒，检查触点磨损的程度，严重时应更换。

（4）铁芯的检查：对铁芯端面要定期擦拭，清除油垢，保持清洁；检查铁芯有无变形。

（5）线圈的检查：观察线圈外表是否因过热而变色；接线是否松脱，线圈骨架是否破碎。

（6）活动部件的检查：检查可动部件是否卡阻；坚固体是否松脱；缓冲件是否完整。交流接触器的触点、电磁系统的故障及维修与前述的情况基本相同。

4. 热继电器的故障诊断及维修

热继电器的检查与维修内容如下：

（1）检查负荷电流是否和热元件的额定值相配合。

（2）检查热继电器与外部连接点有无过热现象。

（3）检查与热继电器连接的导线截面是否满足要求，有无因发热而影响热元件正常工作的现象。

（4）检查继电器的运行环境温度有无变化，温度有无超过允许范围（-30℃～40℃）。

（5）检查热继电器动作情况是否正确。

（6）检查热继电器周围环境温度与被保护设备周围环境温度差值，若超过+25℃时，应调换大一等级的热元件。

5. 熔断器的故障诊断与维修

熔断器一般熔体在小截面处熔断，并且熔断部分较短，这是由过负载引起的；而大截面部分被熔化无遗、熔丝爆熔或熔断部分很长，一般由短路引起。

第七章　电气自动化控制系统中常见的电气控制电路

第一节　电气控制电路概述

电气控制电路可按不同方法进行分类。如按电路的工作原理分为基本控制电路和典型设备控制电路，按控制功能分为主电路和控制电路，按控制规律分为连锁控制电路和变化参量控制电路等。此外，尚可按照逻辑关系、组成结构等方法进行分类。

一、分类

（一）按控制功能分类

电气控制电路是用导线将电动机、电器和仪表等电气元件连接起来，并实现电动机的某种控制要求的电气系统。不同的生产机械，对电动机的启动、正反转、制动、保护、自锁及互锁等方面有不同要求，为了实现这些要求，用各种电器组成的电气控制系统各部分的功能就不同，为了方便地分析电气控制系统的组成特点和工作原理，一般可按控制功能将其分为主电路和控制电路两部分。

1. 主电路

主电路是从电源向用电设备供电的路径，一般由组合开关、主熔断器、接触器的主触点、热继电器的热元件及电动机等组成，结构比较简单，电气元件数量较少，但主电路通过的电流较大。

2. 辅助电路

辅助电路一般包括控制电路、信号电路、照明电路及保护电路等。辅助电路由继电器和接触器的线圈、继电器的触点、接触器的辅助触点、主令电器的触点、信号灯和照明灯等电器元件组成。控制电路比主电路要复杂些，电气元件较多，常由多个基本控制电路组成。控制电路通过的电流都较小，一般不超过 5A。

（二）按控制规律分类

连锁控制的规律和控制过程中变化参量控制的规律是组成电器控制电路的基本规律。据此电气控制电路也可按控制规律分为连锁控制电路和变化参量控制电路。

1. 连锁控制电路

凡是生产线上某些环节或一台设备的某些部件之间具有互相制约或互相配合的控制，均称为连锁控制，实现连锁控制的基本方法是采用反映某一运动的连锁触点控制另一运动的相应电气元件，从而达到连锁工作的要求。连锁控制的关键是正确选择连锁触点。一般而言，选择连锁触点遵循的原则为：要求甲接触器动作时，乙接触器不能动作，则需将甲接触器的常闭辅助触点串在乙接触器的线圈电路中；要求甲接触器动作后乙接触器方能动作，则需将甲接触器的常开辅助触头串在乙接触器的线圈电路中；要求乙接触器线圈先断电释放后方能使甲接触器线圈断电释放，则要将乙接触器常开辅助触点并联在甲接触器的线圈电路中的停止按钮上。常见的连锁控制电路有启动停止控制（自锁）电路、正反转控制电路、顺序控制电路等。

2. 变化参量控制电路

任何一个生产过程的进行，总伴随着一系列的参数变化，如机械位移、温度、流量、压力、电流、电压和转矩等。原则上说，只要能检测出这些物理量，便可用它来对生产过程进行自动控制。对电气控制来说，只要选定某些能反映生产过程中的参数变化的电气元件。例如，各种继电器和行程开关等，由它们来控制接触器或其他执行元件，实现电路的转换或机械动作，就能对生产过程进行控制，此即按控制过程中变化参量进行控制。常见的有按时间变化、转速变化、电流变化和位置变化参量进行控制的电路，分别称为时间、速度、电流和行程原则的自动控制。这些控制电路一般要使用具有相应功能的电气元件才能实现，如按时间变化进行控制一般要使用时间继电器，按电流变化进行控制要使用电流继电器等。

二、控制电路图

（一）电气控制线路原理图的绘图规则

1. 电气控制线路表示方法

电气控制线路的表示方法一共有以下三种：

（1）电气原理图：电气原理图表示电气控制线路的工作原理，以及各电气元件的作用和相互关系。电气原理图一般分为主电路、辅助电路和控制电路三个部分。

①主电路是电气控制线路中强电流通过的部分，是由电动机及其相连接的电气元件（如组合开关、接触器的主触点、热继电器的热元件、熔断器等）所组成的线路图。

②辅助电路包括控照明电路、信号电路及保护电路。辅助电路中通过的电流较小。

③控制电路是由按钮、接触器、继电器的吸引线圈和辅助触点及热继电器的触点等组成。这种线路能够清楚地表明电路的功能，对于分析电路的工作原理十分方便。

（2）电气布置图：电气布置图表示各种电气设备在机械设备和电气控制柜中的实际安装位置。各电气元件的安装位置是由机械设备的结构和工作要求决定的，如电动机要和被拖动的机械部件放在一起，行程开关应放在要取得信号的地方，操作元件放在操作方便的地方，一般电气元件应放在控制柜内。

（3）电气安装接线图：电气安装接线图表示各电气设备之间实际接线情况。绘制接线图时应把各电气元件的各个部分（如触头与线圈）画在一起；文字符号、元件连接顺序、线路号码编制都必须与电气原理图一致。电气安装图和接线图常用于安装接线、检查维修和施工等。

2. 电气原理图的绘图规则

绘制电气原理图一般遵循下列规则：

（1）原理图可以分为主电路、控制电路和辅助电路。主电路是从电源到电动机大电流通过的路径。控制电路是接触器和继电器线圈等小电流线路。辅助电路是信号、保护、测量等小电流线路。主电路用粗线画出，一般画在上方或左方。控制和辅助电路用细线画出，一般画在原理图的下方或右方。

（2）主电路的电源电路绘成水平线，受电的动力装置（如电动机）及其保护电器支路，一般应垂直于电源电路标出。控制和辅助电路应垂直水平电源线。耗能元件（如线圈、电磁阀）应垂直连接在接地的水平电源线上。而控制触头、信号灯和报警元件应连在另一电源线的一边。

（3）电气控制线路中所需的全部电气元件都应在图中表示出来，并且必须用国家规定的统一标准的图形符号和文字符号表示。

（4）原理图中所有元器件和设备的可动部分均以自然状态绘出。如吸引线圈为未通电状态；二进制逻辑元件为置“0”时的状态；手柄是置于“0”位；设备为未受外力作用的原始位置。

（5）采用电气元件展开图的画法。同一电气元件的各部分可以不画在一起，但需用同一文字符号标出。若有多个同一种类的电气元件，可在文字符号后加上数字序号区分，如 QA1、QA2。

（6）在表达清楚的前提下，尽量减少线条，尽量避免交叉线的出现。两线交叉连接时需用黑色实心圆点表示，两线交叉不连接时需用空心圆圈表示。

（7）原理图上应标注出各个电气电路的电压值、极性或频率及相数；某些元器件的特性；常用电气的操作方式和功能。

3. 电气原理图的阅读方法

（1）清楚电路中所用到的各个电气元件及其导电部件在电路中的位置。对于复杂的控制线路，应首先阅读电气元件目录表。

（2）先看主电路，再看控制电路，最后看照明、信号指示及保护电路。

（3）总体检查：化整为零，集零为整。

（二）电气控制图的分类

由于电气控制图描述的对象复杂，应用领域广泛，表达形式多种多样，因此，表示一项电气工程或一种电气装置的电气图有多种。它们以不同的表达方式反映工程问题的不同侧面，但又有一定的对应关系，有时需要对照起来阅读。按用途和表达方式的不同，电气图可以分为以下几种：

1. 电气系统图和框图

电气系统图和框图是用符号或带注释的框，概略地表示系统的组成、各组成部分相互关系及主要特征的图样，它比较集中地反映了所描述工程对象的规模。

2. 电气原理图

电气原理图是为了便于阅读和分析控制线路，根据简单、清晰的原则，以电气元件展开的形式绘制而成的图样。它包括所有电气元件的导线部分和接线端点，但并不按照电气元件的实际布置位置来绘制，也不反映电气元件的大小。其作用是便于详细地了解工作原理，指导系统或设备的安装、调试与维修。电气原理图是电气控制图中最重要的一类，也是识图的难点和重点。

3. 电气元件布置图

电气元件布置图主要是用来表明电气设备上所有电气元件的实际位置，为生产机械电气控制设备的制造、安装提供必要的资料。通常电气元件布置图与电气安装接线图组合在一起，既起到电气元件安装接线图的作用，又能清晰地表示出电气元件的布置情况。

4. 电气安装接线图

电气安装接线图是为电气设备和电气元件的装配或电气故障的检修服务的。是用规定的图形符号，按各电气元件的相对位置绘制的实际接线图，清楚地表示了各电气元件的相对位置和彼此之间的电路连接。所以安装接线图不仅要把同一电器的各个部件画在一起，而且各个部件的布置要尽可能符合这个元件的实际情况，但对比例和尺寸没有严格要求。在安装接线图上不但要画出控制柜内部之间的电气连接，还要画出控制柜外部元件的连接。电气安装接线图中的回路标号是电气设备之间、电气元件之间、导线与导线之间的连接标记，它的文字符号和数字符号应与原理图中的标号一致。

5. 功能图

功能图是绘制电气原理图或其他有关图样的依据，是表示理想的电路关系而不涉及实际方法的一种图。

6. 电气元件明细表

电气元件明细表是把成套装置、设备中各组成元件（包括电动机）的名称、型号、规格、数量列成表格，供材料准备及维修使用。

（三）电气图阅读的基本方法

电气控制系统图示由许多电气元件按照一定的要求连接而成的，可表达机床及生产机械电气控制系统的结构、原理等设计意图，因此，为便于电气元件和设备的安装、调整、使用和维修，必须能看懂其电气图，特别是电气原理图。下面主要介绍电气原理图的阅读方法。

在阅读电气原理图以前，必须对控制对象有所了解，尤其对机、电、液配合比较密切的生产机械，要搞清楚其全部传动过程，并按照“从左到右，从上到下”的顺序进行分析。

任何一台设备的电气控制线路，总是由主电路和控制电路两大部分组成，而控制电路又可分为若干基本控制线路或环节，如点动、正 / 反转、降压启动、制动、调速等。分析电路时，通常首先从主电路入手。

1. 主电路分析

分析主电路时，首先应了解设备各运行部件和机构采用了几台电动机拖动，然后按照顺序，从每台电动机的主电路中使用接触器的主触头的连接方式入手，可分析判断出主电路的工作方式，如电动机是否正 / 反转控制，是否采用了降压启动，是否有制动控制，是否有调速控制等。

2. 控制电路分析

分析完主电路后，再从主电路中寻找接触器主触头的文字符号，在控制电路中找出相对应的控制环节，根据设备对控制线路的要求和前面所学的各种基本控制线路的知识，按照顺序逐步深入了解各个具体的电路由哪些电器组成，它们相互间的联系及动作过程等，如果控制电路比较复杂，可将其分成几个部分来分析。

3. 辅助电路分析

辅助电路分析主要包括电源显示、工作状态显示、照明和故障报警等部分。这部分主要由控制电路中的元件控制，所以分析时，要对照控制电路进行分析。

4. 连锁和保护环节分析

任何机械生产设备对安全性和可靠性都提出了很高的要求，因此，控制线路设置有一系列电气保护和必要的电气联锁。分析连锁和保护环节可结合机械设备生产过程中的实际需求及主电路各电动机的互相配合过程进行。

5. 总体检查

经过“化整为零”的局部分析，理解每一个电路的工作原理及各部分之间的控制关系后，再采用“集零为整”的方法，检查各个控制线路，看是否有遗漏。特别要从整体角度去进一步检查和理解各控制环节之间的联系，以理解电路中每个电气元件的作用。

三、位置控制

位置控制又称为行程控制，是利用生产机械运动部件运行到一定位置时由行程开关（位置开关）发出信号进行控制的。例如，行车运动到终点位置自动停车；工作台在指定区域内的自动往返移动，都是由运动部件运动的位置或行程来控制的。位置控制以行程开关代替按钮用于实现对电动机的启停控制，可分为限位断电、限位通电和自动往复循环控制等。

位置开关又称行程开关，是用来限制机械运动行程的一种电器。它可将机械位置信号转换成电信号，常用来做行程控制，改变运动方向、定位、限位及安全保护之用。位置开关与按钮相同，它们都是对控制电气发出接通或断开指令，不同之处在于，按钮是由人手动操作来完成，而位置开关是由与机械运动部件一起运动的“撞块”来完成的。

第二节　直流电动机的基本控制电路简述

一、直流电动机的励磁方式

直流电动机励磁绕组供电方式称为励磁方式。直流电动机励磁方式一般可分为他励式、并励式、积复励式、差复励式、串励式，现介绍如下：

（1）他励式：他励式励磁绕组由其他电源供电。他励式电动机励磁磁势与电枢电流无关，不受电枢回路影响。同时这种励磁方式具有较硬的外特性，一般用于大型和精密直流电动机驱动系统中。永磁式直流电动机也归属这一类。

（2）并励式：电动机的励磁绕组和电枢由同一电源供电。并励方式优点是可以省略一个励磁电源，但是一般用于恒压系统，只以恒功率方式调速，由于励磁电压恒定，磁场变阻器上损耗较大，因此，只用于中、小型直流电动机，其外特性曲线与他励方式基本相同，具有较硬外特性。

（3）积复励式：除并励绕组外，还接入一个与电枢回路相串联，励磁磁势方向和并励绕组相同的少量串励绕组。这类电动机具有较大的启动转矩，其外特性较软，多用于启动转矩较大，而负载变化较小的驱动系统中。除并励绕组可加上串励绕组构成积复励外，有时为了同样的目的，他励绕组加上串励绕组，也可构成积复励方式，因此，还有并积复励和他积复励方式之分。由于积复励方式两个方向转速和运行特性不同，因此，不能用于可逆驱动系统中。

（4）差复励式：除并励绕组外，还接入一个励磁磁势方向和并励绕组相反的少量串励绕组，这类电动机启动力矩小，但是其外特性较平，有时还出现上翘特性，一般用于启动力矩小，而要求转速较平稳的小型恒压驱动系统中，这种励磁方式同样不能用于可逆驱动系统中。

（5）串励式：其励磁绕组和电枢回路相串联。这种电动机具有较大的启动转矩，但其特性较软，空载时将有极高的转速，通常用于车辆牵引驱动系统中。串励电动机不能空载运行。

直流电动机的外特性和励磁方式密切相关，采用不同励磁方式可以得到不同的外特性，他励和并励电动机具有平的外特性，称为硬特性；积复励和串励电动机具有下垂的外特性，称为软特性；差复励电动机外特性是上翘的特性，运行时容易出现不稳定情况。

二、他励直流电动机的启动控制

他励直流电动机的电枢绕组和励磁绕组需要两个直流电源分别进行供电。在他励直流电动机启动时，必须先给励磁绕组加上电压，然后才能给电枢加电压，否则会因为电枢回路没有反电动势平衡，使得电枢绕组中出现远远大于其额定值的电流，极易烧毁电动机。另外，除非电动机容量很小，否则不允许全压启动。因为刚启动瞬间转子转速为零，反电动势也为零，在额定电枢电压作用下，电枢电流可达到额定值的十几倍，会损坏电动机。他励直流电动机电枢电路串电阻减压启动是常用方法之一，在启动时，先串入电阻启动，然后随着启动过程的进行逐段短接启动电阻，直到启动完毕。

三、直流电动机的调速控制

（一）调速

调速就是在一定的负载下，根据生产工艺的要求，人为改变电动机的转速。生产机械的速度调节可以用机械方法取得，但机械变速机构复杂。现代电力拖动中大多采用电气调速方法，即对拖动生产机械的电动机进行速度调节，其优点是可以简化机械结构，提高生产机械的传动效率，操作简便，调速性能好，能实现自动控制等。电动机的速度调节是人为的，而电动机由于转矩变化沿着某一机械特性的速度变化是电动机自动调节的，两者是有区别的。

（二）电动机调速性能的评价指标

（1）调速范围：电动机调速时所能得到的最高转速与最低转速之比。

（2）调速的平滑性：可由电动机在其调速范围内能得到的转速的数目（级

数）来说明。所能得到的转速数目越多，相邻两个转速的差值越小，则调速的平滑性越好。若转速只能得到若干个跳跃的调节，称为有级调速；若在一定范围内可得到任意转速，称为无级调速。

（3）调速的经济性：它包括调速设备的投资、电能的损耗、运转的费用等。

（4）调速的稳定性：它由负载变化时转速的变化程度来衡量。电动机机械特性越硬，稳定性越高。

（5）调速方向：指所采用的调速方法是使转速比额定转速（基本转速）高的称为向上调速；若是低的，称为向下调速。

（6）调速时允许的负载：调速时，不同的生产机械需要的功率和转矩是不同的。有的要求电动机在各种转速下都能输出同样的机械功率，如金属切削机床，要求在精加工小进刀量时工件转速要高，粗加工大进刀量时转速要低。由于机械功率是由转矩与转速的乘积决定的，因此，要求电动机具有恒功率调速。另一类生产机械，如起重机，要求电动机在各种转速上都能输出同样的转矩，即为恒转矩调速。

第三节　对电动机的各种控制电路分析

一、三相笼型异步电动机的启动控制电路

电动机启动是指电动机的转子由静止状态变为正常运转状态的过程。笼型异步电动机有两种启动方式，即直接启动（或全压启动）和降压启动。直接启动是一种简单、可靠、经济的启动方法，在小型（容量一般在 10kW 以下）电动机中广泛使用。电动机直接启动时，启动电流为额定电流的 4 ~ 7 倍，过大的启动电流一方面将会造成电网电压显著下降，影响在同一电路上的其他用电设备的正常运行；另一方面，电动机频繁启动会严重发热，加速线圈老化，缩短电动机的寿

命。因而对容量较大的电动机，采用降压启动，以减小启动电流。电动机是否能直接启动，通常要根据启动次数、电动机容量、启动电流、变压器容量以及生产设备的机械特性等因素来确定。

二、笼型异步电动机直接启动控制

（1）采用刀开关直接启动控制：用闸刀开关、转换开关或铁壳开关控制电动机的启动和停止，是简单和经济的手动控制方法。刀开关的控制容量有限，仅适用于不频繁启动的小容量（通常 $P_N \leqslant 5.5kW$）电动机，且不能实现远距离的自动控制，开关是电动机的控制电器，熔断器是电动机的保护电器。冷却泵、小型台钻、砂轮机等的电动机一般采用这种启动控制方式。

（2）采用接触器直接启动控制：接触器控制电动机单向旋转的主电路由刀开关、熔断器、接触器的动合主触点、热继电器的发热元件和电动机组成。控制电路由熔断器、热继电器的动断触点、停止按钮、启动按钮、接触器的线圈及其动合辅助触点组成。

三、降压启动控制电路

降压启动是指在电源电压不变的情况下，启动电动机时通过某种方法（改变连接方式或增加启动设备），降低加在电动机定子绕组上的电压，待电动机转速接近额定转速后，再将电压恢复到额定值。由于电动机的启动电流与电压成正比，所以降低启动电压可以减小启动电流，也就减小了对电网的影响。但电动机的转矩与电压的平方成正比，将使电动机的启动转矩也大为降低，因而降压启动只适用于对启动转矩要求不高或空载、轻载下启动的设备。一般情况下，当电动机功率大于 7.5kW 时，应考虑对电动机采取降压启动控制，以减小电动机的启动电流，保证电网的正常供电。常用的降压启动方式有定子电路串电阻（或电抗）降压启动、星形－三角形（Y－△）降压启动、自耦变压器降压启动和延边三角形降压启动等。

（一）定子串电阻（或电抗）降压启动控制电路

定子绕组串接电阻降压启动控制电路的电动机启动时在定子绕组中串接电阻，使定子绕组电压降低，从而限制了启动电流。待电动机转速接近额定转速时，再将串接电阻短接，电动机即可在额定电压下运行。该电路是根据启动过程中时间的变化，利用时间继电器延时动作来控制各电气元件的先后顺序动作，时间继电器的延时时间按启动过程所需时间整定。

（二）星－三角（Y-△降压启动控制电路）

Y-△降压启动控制电路是在电动机启动时将定子绕组接成星形（Y），每相绕组承受的电压为电源的相电压（220V），随着电动机转速的升高，到启动结束后再将定子绕组换接成三角形（△）接法，每相绕组承受的电压为电源线电压（380V），此时电动机进入额定电压下正常运行：笼型异步电动机采用Y-△降压启动时，由于加在每相绕组上的启动电压只有三角形接法的 $1/\sqrt{3}$，启动电流为三角形接法的1/3，启动转矩也只有三角形接法的1/3。与其他降压启动方法相比，Y-△降压启动投资少，电路简单，凡是正常运行时定子绕组接成三角形的鼠笼式异步电动机，均可采用这种降压启动方法。但因启动转矩特性较差，故只适用于轻载或空载启动的场合。

（三）自耦补偿降压启动控制电路

自耦补偿降压启动是利用自耦变压器TM来进行降压的。在自耦变压器降压启动控制电路中，电动机启动电流的限制是依靠自耦变压器的降压作用来实现的。自耦变压器按星形接线，电动机启动时，将电源电压加到自耦变压器一次侧，电动机定子绕组接到自耦变压器二次侧，构成降压启动电路。启动一定时间，当电动机转速升高到预定值后，将自耦变压器切除，电源电压通过接触器直接加于定子绕组，电动机进入全压运行。

自耦补偿降压启动控制电路的优点是启动转矩和启动电流可以调节，缺点是设备庞大，成本较高。因此，这种方法适用于额定电压220V/380V、接法为Y/A形、容量较大的三相交流鼠笼型异步电动机的不频繁启动。常用的自耦补偿启动装置分为手动和自动两种操作形式。手动操作的自耦补偿启动器有QJ3、QJ5等型号；自动操作的自耦补偿启动装置有XJ01、CTZ等系列。在实际应用中，自耦变压器二次侧有三个抽头，使用时应根据负载情况及供电系统要求选择一个合适的抽头。

（四）延边三角形降压启动控制电路

延边三角形降压启动的方法是在每相定子绕组中引出一个抽头，电动机启动时将一部分定子绕组接成△形，另一部分定子绕组接成Y形，使整个绕组接成延边三角形。经过一段时间，电动机启动结束后，再将定子绕组接成三角形全压运行。电动机定子绕组是延边三角形接线时，每相定子绕组所承受的电压大于Y形接法时的相电压，而小于△形接法时的线电压。这样，在不增加其他启动设备的前提下，既起到降压限流的作用，又不致使电动机启动转矩太低。并且电动机每相绕组电压的大小可随电动机绕组抽头位置的改变而调节，从而克服了Y-△降压启动时启动电压偏低、启动转矩偏小的缺点。但延边三角形降压启动方法仅适用于定子绕组有抽头的特殊三相交流异步电动机。

四、三相笼型异步电动机正反转控制电路

电动机正反转控制电路是电动机中常见的基本控制电路，是利用电动机电源的换相原理来实现电动机正反转控制的。常见的电动机正反转控制电路有转换开关正反转控制电路、接触器、互锁正反转控制电路、按钮互锁正反转控制电路及接触器按钮双重互锁正反转控制电路等。

第四节　对机床液压系统的电气控制电路简述

液压传动系统容易获得很大的转矩，其传动平稳，控制方便，易于实现自动化。液压传动系统和电气控制系统相结合的电液控制系统在组合机床、自动化机床、生产自动线、数控机床等生产设备上应用广泛。液压传动系统一般由四部分组成。

动力装置：一般指液压泵，它将电动机输出的机械能转换为油液的压力能，

供给液压系统压力油液，从而推动液压系统工作。

执行机构：指液压缸或液压马达。液压缸用于直线运动，油液马达用于旋转运动，它们把油液的压力能转换为机械能，从而带动工作部件运动。

控制阀：指换向阀、节流阀、溢流阀等。它们都起控制调节作用，实现对油液的压力和流量的调节，满足传动系统中不同性能要求。

辅助装置：指油箱、滤油器、压力表、油管和管接头等元件。

一、机床中常用的液压元件

（一）液压泵和液压马达

液压泵是一种能量转换装置，它把电动机的机械能转换为油液的液压能，供给液压系统。机床液压系统中使用的液压泵均为容积泵。液压泵的作用是把机械能转换成油液的压力能，是液压系统的动力装置，一般由电动机驱动。液压马达的作用是把油液的压力能转换成机械能，就液压系统而言，液压马达是一个执行元件。容积式液压泵和液压马达在原理上是互逆的，大部分液压泵可作为液压马达使用，反之亦然。但在结构细节上两者有一定差异。

（二）液压阀

液压阀是用来控制或调节液压系统中油液的方向、压力和流，以满足机床工作性能要求的控制装置。液压阀的类型很多，根据其控制作用可分为方向控制阀、压力控制阀和流量控制阀，此外还有所谓的组合阀，它实际上是将某些阀组合起来制成的结构紧凑的独立单元，一般按它所完成的功用来命名，如电磁换向阀、单向行程调速阀等。

方向控制阀是用来控制液压系统中油液流动方向的阀，主要有普通单向阀、换向阀等，用于改变执行机构运动的方向。

压力控制阀是用来控制液压系统中压力的阀，主要有溢流阀、安全阀、顺序阀、减压阀和背压阀等，用于改变执行机构的力或转矩。

流量控制阀是用来控制液压系统中油液流量的阀，主要有节流阀、调速阀等，用于改变执行机构的运动速度。

普通单向阀的作用是使油液只能沿一个方向流动，而不允许反方向流动。压力油液从阀体左端通口流入时，它可以方便地克服弹簧作用在阀芯上的力，而使阀芯向右移动打开阀口，从阀体右端通口流出。但是当压力油液从阀体右端流入时，油液压力和弹簧一起使阀芯压紧在阀孔上，使阀口关闭，油液就无法通过。

换向阀种类很多，常用的主要是滑阀。滑阀式换向阀的结构主体是阀体和阀芯，阀体上开了许多通口，阀芯通过移动可以停止在不同的工作位置上，从而接通或关断相应油路。根据阀体上的开口数目和阀芯移动位置的数量，分为二位二通、二位三通、二位四通、三位四通、三位五通阀等。三位四通电磁换向阀由复位弹簧、阀芯、推杆构成。当电磁铁断电时，两边的弹簧使阀芯处于中间位置。当右边电磁铁通电时，阀芯通过推杆将阀芯推向左端，这时进油口和油口相通，油口和回油口相通。当左边电磁铁通电时，阀芯被推向右端，这时油口和进油口、油口与回油口分别相通，实现油路的换向，由于受到电磁力较小的限制，电磁换向阀的流量一般在 63L/min 以下；流量大时，一般采用液动控制或电液控制。液动换向阀是靠压力油液改变阀芯位置的，电液动换向阀是由电磁换向阀和液动阀组合而成。

压力控制阀是利用阀芯上液压作用力和弹簧力保持平衡来进行工作的，平衡状态的任何破坏都会使阀芯位置产生变化，其结果不是改变阀口的开度大小（如溢流阀、减压阀），就是改变阀口的状态（如安全阀、顺序阀）。溢流阀是液压系统中最常见的元件，主要功能是保持系统压力基本恒定，防止系统过载，造成背压，使系统卸荷等。溢流阀有直动式和先导式两种，直动式用于低压液压系统，先导式用于高压液压系统。

直动式溢流阀的结构由阀体、阀芯、上盖、弹簧和螺帽等零部件组成，油口分别为溢流阀的进油口和回油口。当压力油液从油口经油腔、径向孔、阻尼孔进入油腔，阀芯的底面受到油液的压力作用。由于阀芯顶上作用有弹簧力，因此阀芯的工作位置由这两个力的大小来决定。当油口处压力不足以使作用在阀芯底面上的力超过弹簧力时，阀芯处于最低位置，油口不相通，回油口无油液流出，当油口处压力升高，作用在阀芯底面上的力超过弹簧力时，阀芯上升，阀口处于某一开度，油腔相通，油液从回油口排出。这时压力油液作用在阀芯上的力就与此开度下作用在阀芯上的弹簧力保持平衡，油口处压力也基本稳定在某一数值上，此即直动式溢流阀控制压力的原理。转动调整螺帽可以调整弹簧的作用力大小，从而调整了油口的油液压力。

顺序阀是利液压系统压力的变化来控制各执行元件动作的先后顺序。顺序阀的结构和工作原理与溢液阀完全相同，唯一的差异在于顺序阀出口处不接通油箱，而接通某个执行元件。因此必须使油腔不通过孔道与回油口相通，而是经孔道直接流回油箱。顺序阀也有直动式与先导式之分，直动式用于中、低压系统，先导式用于高压系统。

流量控制阀是靠改变阀口通流截面积大小或通流通道的长短来控制通过阀口油液流量，以实现调节执行元件（油缸或液压马达）的运动速度的。常用的流量控制阀有普通节流阀、各种类型的调速阀以及由它们组合而成的组合阀等。

普通节流阀的结构，它的节流口是轴向三角槽式。油只从进油口流入，经孔道和阀芯左端三角槽式节流口进入孔道，再从出油口流出。阀芯在弹簧的作用下始终贴紧在推杆上。

普通调速阀的结构是一个由减压阀和节流阀串联而成的组合阀。在高压油液压力下，从右侧进油口流入，经减压阀的缝隙进入油腔，将压力减小，再经节流阀上的节流缝隙进入油腔，将压力再次减小，最后从出油口流出去。油腔通过孔道和阻尼孔与油腔相连，出油口通过孔道与油腔相连，因此阀芯是在弹簧力、液压作用力、上下端油液压力的作用下处在某个平衡位置上。无论是出口处压力变化，还是进口处压力变化，减压阀阀芯都会因其上、下端油液压力的变化而自动调整位置，从而维持压力差基本上恒定。

（三）压力继电器

压力继电器以液压系统的压力变化作为输入信号使继电器动作。压力继电器一般用在液压、气压和水压系统中的保护。

压力继电器主要由微动开关、调节螺母、压缩弹簧、顶杆、橡皮薄膜和缓冲器等组成。压力继电器装在油路（水路或气路）的分支路中，当压力超过整定值时，通过缓冲器、橡皮薄膜抬起顶杆，使微动开关动作；若管路中压力等于或低于整定值，顶杆脱离微动开关使触点复位。压力继电器调节方便，只需放松或拧紧调整螺母即可改变控制压力。压力继电器的文字符号为 BPS。

二、液压动力部件控制电路简述

组合机床上最主要的通用部件是动力头和动力滑台，它们是完成刀具切削运动和进给运动的部件。通常将能同时完成切削运动和进给运动的动力部件称之为动力头，而将只能完成进给运动的动力部件称为动力滑台。动力滑台按结构分为机械动力滑台和液压动力滑台。机械动力滑台和液压动力滑台都是完成进给运动的动力部件，两者区别仅在于进给的驱动方式不同。动力滑台与动力头相比较，前者配置成组合机床更为灵活。在动力头上只安装多轴箱，而滑台还可安装各种切削头，组成卧式、立式组合机床及其自动线，以完成钻、扩、铰、镗、刮端面、倒角、铣削和攻螺纹等加工工序，安装分级进给装置后，也可用来钻深孔。

（一）动力滑台的液压系统与工作循环

动力滑台的常见工作循环如下：

（1）一次工作进给：快进→工进→（延时停留）→快退，可用于钻孔、扩孔、镗孔和加工盲孔、刮端面等。

（2）二次工作进给：快进→一次工进→二次工进→延时停留→快退，可用于镗孔完后又要车削或刮端面等。

（3）跳跃进给：快进→一次工进→快进→二次工进→延时停留→快退，可采用跳跃进给自动工作循环，例如，镗削两层壁上的同心孔，可跳跃进给自动工作循环。

（4）双向工作进给：快进→正向工进→反向工进→快退，例如，用于正向工进粗加工，反向工进精加工。

（5）分级进给：快进→工进→快退，快进→工进→快退→快进→工进→快退，主要用于钻深孔。

（二）液压动力滑台控制电路

液压动力滑台与机械滑台的区别在于，液压动力滑台进给运动的动力是压力油，而机械滑台的动力来自电动机。液压动力滑台由滑台、滑座、油缸及挡铁等部分组成，由油缸拖动滑台在滑座上移动。液压滑台具有典型的自动工作循环，它通过电气控制电路控制液压系统来实现。液压滑台的工进速度由调速阀来调节，可实现无级调速。电气控制电路一般采用行程、时间原则及压力控制方式。

第八章　电气自动化控制系统的设计思想和构成

第一节　电气自动化控制系统设计的功能和要求

现代生产设备是机械制造、电气控制、生产工艺等专业人员共同创造的产物，只有统筹兼顾制造、控制、工艺三者的关系，才能使整机的技术经济指标达到先进水平。电控系统是现代生产设备的重要组成部分，其主要任务是为生产设备协调运转服务，生产设备电气控制系统并不是功能越强、技术越先进越好，而是以满足设备的功能要求以及设备的调试、操作是否方便，运行是否可靠作为主要评价依据，因此在满足生产设备的技术要求前提下电气控制系统应力求简单可靠，尽可能采用成熟的、经过实际运行考验的仪表和电器元件；而新技术、新工艺、新器件的应用，往往带来生产设备功能的改进、成本的降低、效率的提高、可靠性的增强以及使用的方便，但必须进行充分的调研，必要的论证，有时还应通过试验。

一、电控系统的设计与调试

电气控制系统设计的基本任务是根据生产设备的需要，提供电控系统在制造、安装、运行和维护过程中所需要的图样和文字资料。设计工作一般分为初步设计和技术设计两个阶段。

电控系统制作完成后技术人员往往还要参加安装调试，直到全套设备投入正常生产为止。

（一）初步设计

参加设计工作的机械、电气、工艺方面的技术负责人应搜集国内外同类产品的有关资料进行分析研究，对于打算在设计中采用的新技术、新器件在必要时还应进行试验以确定它们是否经济适用。在初步设计阶段，对电控系统来说，应搜集下列资料：

（1）设备名称、用途、工艺流程、生产能力、技术性能以及现场环境条件（如温度、湿度、粉尘浓度、海拔、电磁场干扰及振动情况等）。

（2）供电电网种类、电压等级、电源容量、频率等。

（3）电气负载的基本情况：如电动机型号、功率、传动方式、负载特性，对电动启动、调速、制动等要求；电热装置的功率、电压、相数、接法等。

（4）需要检测和控制的工艺参数性质、数值范围、精度要求等。

（5）对电气控制的技术要求，如手动调整和自动运行的操作方法，电气保护及连锁设置等。

（6）生产设备的电动机、电热装置、控制柜、操作台、按钮站以及检测用传感器、行程开关等元器件的安装位置。

上述资料实际上就是设计任务书或技术合同的主要内容，在此基础上电气设计人员应拟订若干原理性方案及其预期的主要技术性能指标，估算出所需费用供用户决策。

（二）技术设计

根据用户确定采用的初步设计方案进行技术设计，主要有下列内容：

（1）给出电气控制系统的电气原理图。

（2）选择整个系统设备的仪表、电气元器件并编制明细表，详细列出名称、型号规格、主要技术参数、数量、供货厂商等。

（3）绘制电控设备的结构图、安装接线图、出线端子图和现场配线图（表）等。

（4）编写技术设计说明书，介绍系统工作原理、主要技术性能指标、对安装施工、调试操作、运行维护的要求。

上面叙述的设计过程是对需要组织联合设计的大、中型生产设备而言，对已有的设备进行控制系统更新改造或小型设计项目这个过程和内容可以适当简化。

（三）设备调试

电气控制设备在制造完成后应在出厂前进行全面的质量检查，并尽可能模拟在实际工作条件下进行测试，直至消除所有的缺陷之后才能运到现场进行安装。安装接线完毕之后还要在严格的生产条件下进行全面调试，保证它们能够达到预期的功能，其中检测仪表、变频器等应列为重点，PLC 的控制程序更需进行验证，发现问题立即修改，直到正确无误为止。在调试过程中要做好记录，对已经更改了的电控系统设计图样和技术说明书的有关部分予以订正。设计人员参加现场调试，验证自己的设计是否符合客观实际，对积累工作经验、提高设计水平有十分重要的作用。

二、设计过程中应重视的几个问题

（一）制定控制系统技术方案的思路

在进行电控系统的设计时，首先要对项目进行分析，它是定值控制系统还是程序控制系统，或者两者兼而有之？对于定值控制系统，采用简单经济的位式调节还是采用连续调节方式？对于常见的单回路反馈控制系统，主要任务是选择合理的被控变量和操作变量，选择合适的传感变送器以及检测点，选用恰当的调节规律以及相应的调节器、执行器和配套的辅助装置，组成工艺合理、技术先进、操作方便、造价经济的控制系统。对于程序控制系统来说，通常采用继电器－接触器控制或 PLC 控制，选用规格适当的断路器、接触器、继电器等开关器件以及变频器，软启动器等电力电子产品，合理配置主令电器－按钮、转换开关及指示灯等，控制线路设计一般应有手动分步调试、系统联动运行两种方式，努力做到安装调试方便，运行安全可靠。

（二）电控系统的元器件选型

电控系统的仪表、电器元件的选型直接关系到系统的控制精度、工作可靠性和制造成本，必须慎重对待，原则上应该选用功能符合要求、抗干扰能力强、环境适应性好、可靠性高的产品，国内外知名品牌很多，可选的范围很大，其中在已有的工程实践中经常使用，性能良好的产品应作为首选，其次为用户所熟悉或推荐的智能仪表、PLC、变频器、工控组态软件以及当地容易购置的电器产品也应在选用之列。总之，应从技术、经济等方面进行充分比较之后做出最终选择。

（三）电控系统的工艺设计

电控系统要做到操作方便、运行可靠、便于维修，不仅需要有正确的原理性设计，而且需要有合理的工艺设计。电气工艺设计的主要内容包括总体配置、分部（柜、箱、面板等）装配设计、导线连接方式等方面。

（1）总体布置：电控设备的每一个元器件都有一定的安装位置，有些元器件安装在控制柜中（如继电器、接触器、控制调节器、仪表等）；有些元器件应安装在设备的相应部位上（如传感器、行程开关、接近开关等）；有些元器件则要安装在操作面板上（如按钮、指示灯、显示器、指示仪表等）。对于一个比较复杂的电控系统，需要分成若干个控制柜、操作台、接线箱等，因而系统所用的元器件需要划分为若干组件，在划分时应综合考虑生产流程、调试、操作、维修等因素。一般来说划分原则是：①功能类似的元器件组合放在一起；②尽可能减少组件之间的连线数量，接线关系密切的元器件置于同一组件中；③强弱电分离，尽量减少系统内部的干扰影响等。

（2）电气柜内的元器件布置：同一个电器柜、箱内的元器件布置的原则是：①重量、体积大的器件布置在控制柜下部，以降低柜体重心；②发热元器件宜安装在控制柜上部，以避免对其他器件有不良影响；③经常需要调节、更换的元器件安装在便于操作的位置上；④外形尺寸和结构类似的元器件放在一起，便于配接线和使外观整齐；⑤电器元件布置不宜过密，要留有一定的间距，采用板前走线槽配线时更应如此。

（3）操作台面板：操作台面板上布置操作件和显示件，通常按下述规律布置：操作件一般布置在目视的前方，元器件按操作顺序由左向右、从上到下布置，也可按生产工艺流程布置，尽可能将高精度调节、连续调节、频繁操作的器件配置在右侧；急停按钮应选用红色蘑菇按钮并放置在不易被碰撞的位置；按钮应按其功能选用不同的颜色，既增加美观又易于区别；操作件和显示件通常还要附有标示牌，用简明扼要的文字或符号说明它的功能。

显示器件通常布置在面板的中上部，指示灯也应按其含义选用适当的颜色，当显示器件特别是指示灯数量比较多时，可以在操作台的下方设置模拟屏，将指示灯按工艺流程或设备平面图形排布，使操作者可以通过指示灯及时掌握生产设备运行状态。

（4）组件连接与导线选择：电气柜、操作台、控制箱等部件进出线必须通过接线端子，端子规格按电流大小和端子上进出线数目选用，一般一只端子最多只能接两根导线，若将 2 ~ 3 根导线压入同一裸压接线端内时，可看作一根导线但应考虑其载流量。

电气柜、操作台内部配件应采用铜芯塑料绝缘导线，截面积应按其载流量大小选择，考虑到机械强度，控制电路通常采用 $1.5mm^2$ 以上的导线，单芯铜线不宜小于 $0.75mm^2$，多芯软铜线不宜小于 $0.5mm^2$，对于弱电线路，不得小于 $0.2mm^2$。

（四）技术资料搜集工作

要完成一个运行可靠、经济适用的电控系统设计，必须有充分的技术资料作为基础，技术资料可以通过多种途径获得。

（1）国内外同类设备的电控系统组成和使用情况等资料。

（2）有关专业杂志、书籍、技术手册等。

（3）参观电气自动化产品展览会时可从参展的国内外著名厂商搜集产品样本、价格表等资料。

（4）专业杂志上发表的产品广告以及新产品的信息。

（5）通过电话、传真或电子邮件等手段向生产厂家或代理商咨询，索取产品的说明书、价格表等资料。

（6）从生产厂家的网页上下载需要的技术资料。

（7）本单位已完成的电控设备全套设计图样资料，包括调试记录等。

一般来说，电气控制系统的设计工作实质上是控制元器件的“集成”过程，也就是说对于市场上品种繁多、技术成熟、功能不一、价格不同的各种电控产品、检测仪表进行选择，找出最合适的若干器件组成电控系统，使它们能够相互配套、协调工作，成为一个性价比很高的系统，实现预期的目标—生产设备按期调试投产，安全高效运转，能够创造良好的经济效益，因此设计人员需要不断积累资料，总结经验，吸取一切有用的知识，既要熟悉国内外电气自动化产品的性能、价格和技术发展动态，又要了解所配套设备的生产工艺和操作方法，才能设计出性能优良、造价合理的电控系统。

第二节 电气自动化控制系统设计的简单示例分析

虽然工业生产中所用的各种设备的拖动控制方式和电气控制电路各不相同，但多数是建立在继电器、接触器基本控制电路基础之上的。在此通过对典型生产机械电气控制系统的分析，一方面可以进一步熟悉电气控制系统的组成及各种基本控制电路的应用，掌握分析电气控制系统的方法，培养阅读电气控制图的能力；另一方面，通过对几种具有代表性的机械设备电气控制系统及其工作原理的分析，加深对机械设备中机械、液压与电气控制有机结合的理解，为培养电气控制系统的分析和设计工作能力奠定基础。

一、分析电气控制系统的方法与步骤

生产设备的电气控制系统一般是由若干基本控制电路组合而成，结构相对复杂，为能够正确认识控制系统的工作原理和特点，必须采用合理的方法步骤进行分析。

（一）分析电气控制系统的方法

对生产设备电气控制系统进行分析时，首先需要对设备整体有所了解，在此基础上，才能有效地针对设备的控制要求，分析电气控制系统的组成与功能。设备整体分析包括如下三个方面：

（1）机械设备概况调查：通过阅读生产机械设备的有关技术资料，了解设备的基本结构及工作原理、设备的传动系统类型及驱动方式、主要技术性能和规格、运动要求等。

（2）电气控制系统及电气元件的状况分析：明确电动机的用途、型号规格及控制要求，了解各种电器的工作原理、控制作用及功能，包括按钮、选择开关和行程开关等主令信号发出元件和开关元件；接触器、时间继电器等各种继电器类的控制元件；电磁换向阀、电磁离合器等各种电气执行元件；变压器、熔断器等保证电路正常工作的其他电气元件。

（3）机械系统与电气控制系统的关系分析：在了解被控设备所采用的电气控制系统结构、电气元件状况的基础上，还应明确机械系统与电气系统之间的连接关系，即信息采集传递和运动输出的形式和方法。信息采集传递是指信号通过设备上的各种操作手柄、挡铁及各种信息检测机构作用在主令信号发出元件上，并传递到电气控制系统中的过程；运动输出是指电气控制系统中的执行元件将驱动力作用到机械系统上的相应点，并实现设备要求的各种动作。

掌握了机械及电气控制系统的基本情况后，即可对设备电气控制系统进行具体的分析。通常在分析电气控制系统时，首先将控制电路进行划分，整体控制电路经“化整为零”后形成简单明了、控制功能单一或有少数简单控制功能组合的局部电路，这样可给分析电气控制系统带来很大的方便。进行电路划分时，可依据驱动形式，将电路初步划分为电动机控制电路部分和液压传动控制电路部分；根据被控电动机的台数，将电动机控制电路部分再加以划分，使每台电动机的控制电路成为一个局部电路部分；对控制要求复杂的电路部分，也可以进一步细分，使每一个基本控制电路或若干个基本控制电路成为一个局部分析电路单元。

（二）分析电气控制系统的步骤

根据上述电气控制系统的分析方法，对电气控制系统的分析步骤归纳如下：

（1）设备运动分析：分析生产工艺要求的各种运动及其实现方法，对有液压驱动的设备要进行液压系统工作状态分析。

（2）主电路分析：确定动力电路中用电设备的数目、接线状况及控制要求，控制执行件的设置及动作要求，包括交流接触器主触点的位置，各组主触点分、合的动作要求，限流电阻的接入和短接等。

（3）控制电路分析：分析各种控制功能实现的方法及其电路工作原理和特点。经过“化整为零”，分析每一个局部电路的工作原理及各部分之间的控制关系之后，还必须“集零为整”，统观整个电路的保护环节及电气原理图中其他辅助电路（如检测、信号指示、照明等电路）检查整个控制电路，看是否有遗漏，特别要从整体角度，进一步检查和理解各控制环节之间的联系，理解电路中每个元件所起的作用。

二、普通车床的电气控制系统

卧式车床是机械加工中应用最为广泛的机床之一，它能完成多种多样的表面加工，包括车削各种轴类、套筒类和盘类零件的回转表面，如内外圆柱面、圆锥面、环槽及成型转面；车削端面及各种常用螺纹；配合钻头、铰刀等还可进行孔加工。不同型号的卧式车床其电动机的工作要求不同，因而其电气控制系统也不尽相同，但从总体上看，卧式车床运动形式简单，多采用机械调速，相应的电气控制系统不复杂。此处以 C650 卧式车床电气控制系统为例，介绍电气控制系统的一般分析过程。

（一）卧式车床结构和运动

C650 卧式车床结构主要由床身、主轴、主轴变速箱、尾座、进给箱、丝杠、光杠、刀架和溜板箱等组成。该卧式车床属于中型车床，可加工的最大工件回转直径为 1020mm，最大工件长度为 3000mm。

车削的主运动是主轴通过卡盘带动工件的旋转运动，它的运动速度较高，消耗的功率较大，进给运动是由溜板箱带动溜板和刀架做纵、横两个方向的运动。进给运动的速度较低，所消耗的功率也较小，由于在车削螺纹时，要求主轴的旋转速度与刀具的进给速度保持严格的比例。因此，C650 卧式车床的进给运动也由主轴电动机来拖动，主轴电动机的动力由主轴箱、挂轮箱传到进给箱，再由光杆或丝杆传到溜板箱。由于加工的工件尺寸较大，加工时其转动惯量也比较大，为提高工作效率，需采用停车制动。在加工时，为防止刀具和工件温度过高，需要配备冷却泵及冷却泵电动机。为减轻工人的劳动强度以及减少辅助工时，要求溜板箱能够快速移动。

（二）电力拖动特点与控制要求

（1）主电动机控制要求：主电动机为三相笼型异步电动机，完成主轴运动和进给运动的拖动。主电动机直接启动，能够正、反两个方向旋转，并可对正、反两个旋转方向进行电气停车制动，为加工、调整方便，还要具有点动功能。

（2）冷却泵电动机控制要求；冷却泵电动机在加工时带动冷却泵工作提供冷却液，采用直接启动，并且为连续工作状态。

（3）快速移动电动机控制要求：快速移动电动机可根据需要随时手动控制启停。

（三）电气控制系统分析

控制电路因电气元件很多，故通过控制变压器 TC 同三相电网进行电隔离，从而提高了操作和维修时的安全性，其所需的 110V 交流电源也由控制变压器 TC 提供，由 FU3 做短路保护。“化整为零”后控制电路可划分为主电动机 M1、冷却泵电动机 M2 及快移电动机 M3 的三部分控制电路。主电动机 M1 控制电路较复杂，因而还可进一步对其控制电路进行划分，下面对各局部控制电路逐一进行分析：

（1）主电动机的点动调整控制：如图 8-1 所示，当按下点动按钮 SB2 时，接触器 KM1 线圈通电，其主触点闭合，由于 KM3 线圈没接通，因此电源必须经限流电阻 R 进入主电动机，从而减小了启动电流，此时电动机 M1 正向直接启动。KM3 线圈未得电，其辅助动合触点不闭合，中间继电器 KA 不工作，所以虽然 KM1 的辅助动合触点已闭合，但不自锁。因而松开 SB2 后，KM1 线圈立即断电，主电动机 M1 停转。这样就实现了主电动机的点动控制。

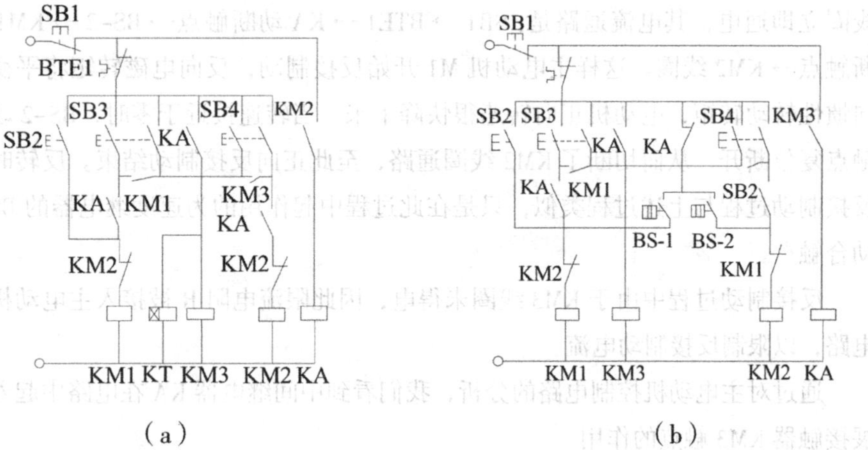

图 8-1　主电动机 M1 的控制电路

（2）主电动机的正反转控制：车床主轴的正反转是通过主电动机的正反转来实现的，主电动机 M1 的额定功率为 30kW，但只是车削加工时消耗功率较大，而启动时负载很小，因此启动电流并不很大，在非频繁点动的情况下，仍可采用全压直接启动。

分析图 8-1（a），当按下正向启动按钮 SB3 时，交流接触器 KM3 线圈和通电延时时间继电器 KT 线圈同时得电。KT 通电，其位于 M1 主电路中的延时动断触点短接电流表 PA，延时断开后，电流表接入电路正常工作，从而使其免受启动电流的冲击;KM3 通电，其主触点闭合，短接限流电阻 R，辅助动合触点闭合，使得 KA 线圈得电。KA 动断触点断开，分断反接制动电路；动合触点闭合，一方面使得 KM3 在 SB3 松手后仍保持通电，进而 KA 也保持通电，另一方面使得 KM1 线圈通电并形成自锁，KM1 主触点闭合，此时主电动机 MI 正向直接启动。

SB4 为反向启动按钮，反向直接启动过程同正向类似，不再赘述。

（3）主电动机的反接制动控制：图 8-1（b）为主电动机反接制动的局部控制电路。C650 车床停车时采用反接制动方式，用速度继电器 BS 进行检测和控制，下面以正转状态下的反接制动为例说明电路的工作过程。

当主电动机 M1 正转运行时，由速度继电器工作原理可知，此时 BS 的动合触点 BS-2 闭合。当按下总停按钮 SB1 后，原来通电的 KM1、KM3、KT 和 KA 线圈全部断电，它们的所有触点均被释放而复位。当松开 SB1 后，由于主电动机的惯性转速仍很大，RS-2 的动合触点继续保持闭合状态，使反转接触器 KM2 线圈立即通电，其电流通路是：SB1 → BTE1 → KA 动断触点→ BS-2 → KM1 动断触点→ KM2 线圈。这样主电动机 M1 开始反接制动，反向电磁转矩将平衡正向惯性转动转矩，电动机正向转速很快降下来。当转速接近于零时，BS-2 动合触点复位断开，从而切断了 KM2 线圈通路，至此正向反接制动结束。反转时的反接制动过程与上述过程类似，只是在此过程中起作用的为速度继电器的 BS-1 动合触点。

反接制动过程中由于 KM3 线圈未得电，因此限流电阻 R 被接入主电动机主电路，以限制反接制动电流。

通过对主电动机控制电路的分析，我们看到中间继电器 KA 在电路中起着扩展接触器 KM3 触点的作用。

（4）冷却泵电动机的控制：冷却泵电动机 M2 的启停按钮分别为 SB6 和

SB5，通过它们控制接触器 KM4 线圈的得电与断电，从而实现对冷却泵电动机 M2 的长动控制。它是一个典型的电动机直接启动控制环节。

（5）刀架的快速移动：转动刀架手柄，行程开关 SQ 被压，其动合触点闭合，使得接触器 KM5 线圈通电，KM5 主触点闭合，快速移动电动机 M3 就启动运转，其输出动力经传动系统最终驱动溜板箱带动刀架做快速移动。当刀架手柄复位时，M3 立即停转。该控制电路为典型的电动机点动控制。

三、卧式铣床的电气控制系统简介

在机械加工工艺中，铣削是一种高效率的加工方式。铣床的种类很多，有卧铣、立铣、龙门铣、仿形铣及各种专用铣床等。卧式万能升降台铣床可用来加工平面、斜面和沟槽等，装上分度头后还可以铣切直齿齿轮和螺旋面，如果装上圆工作台还可以铣切凸轮和弧形槽等，是一种常用的通用机床。

（一）卧式铣床的主要结构和运动

卧式万能升降台铣床具有主轴转速高、调速范围宽、操作方便和加工范围广等特点，主要由床身、主轴、悬梁、刀杆支架、工作台、升降工作台、底座和滑座等部分组成。

铣床床身内装有主轴的传动机构和变速操纵机构，由主轴带动铣刀旋转，一般中小型铣床都采用三相笼型异步电动机拖动，主轴的旋转运动是主运动，它有顺铣和逆铣两种加工方式，并且同工作台的进给运动之间无严格传动比要求，所以主轴由主电动机拖动。

床身的前侧面装有垂直导轨，升降台可沿导轨上下移动。在升降台上面装有水平工作台，它不仅可随升降台上下移动，还可以在平行于主轴轴线方向（横向，即前后）和垂直于轴线方向（纵向，即左右）移动。因此水平工作台可在上下、左右及前后方向上实现进给运动或调整位置，运动部件在各个方向上的运动由同一台进给电动机拖动。

矩形工作台上还可以安装圆工作台，使用圆工作台可铣削圆弧、凸轮。进给电动机经机械传动链，通过机械离合器在选定的进给方向上驱动工作台进给。

（二）电力拖动特点与控制要求

主轴旋转运动与工作台进给运动分别由单独的电动机拖动，控制要求也不相同。

（1）主轴电动机控制要求：主轴电动机 M1 空载时直接启动；为完成顺铣和逆铣，需要带动铣刀主轴正转和反转；为提高工作效率，要求有停车制动控制；同时，从安全和操作方便考虑，换刀时主轴必须处于制动状态；主轴电动机可在两端启停控制；为保证变速时齿轮易于啮合，要求变速时主电动机有点动控制。

（2）冷却泵电动机控制要求：电动机 M2 拖动冷却泵，在铣削加工时提供切削液。

（3）进给电动机控制要求：工作台进给电动机 M3 直接启动；为满足纵向、横向、垂直方向的往返运动，要求进给电动机能正转和反转；为提高生产率，空行程时应快速移动；进给变速时，也需要瞬时点动调整控制；从设备使用安全考虑，各进给运动之间必须互锁，并由手柄操作机械离合器选择进给运动的方向。

（4）主轴电动机与进给电动机启、停顺序要求：铣床加工零件时，为保证设备安全，要求主轴电动机启动后进给电动机方能启动。

四、双面单工位液压传动组合机床电气控制系统简介

组合机床是根据给定工件的加工工艺而设计制造的一种高效率自动化专用加工设备。可实现多刀（多轴）、多面、多工位同时进行钻、扩、铰、镗、铣等加工，并具有自动循环功能，在成批或大生产中得到广泛的应用。

组合机床由具有一定功能的通用部件（如动力部件、支撑部件、输送部件和控制部件等）和加工专用部件（如夹具、多轴箱等）组成，其中动力部件是组合机床通用部件中最主要的一类部件。动力部件常采用电动机驱动或液压系统驱动，由电气控制系统实现自动循环的控制，是典型的机电或机电液一体化的自动化加工设备。

各标准通用动力部件的控制电路是独立完整的，当一台组合机床由多个动力部件组合构成时，该机床的控制电路即由各动力部件各自的控制电路通过一定的连接电路组合而成。对于此类由多动力部件构成的组合机床，其控制通常有三个方面的工作要求。

（1）动力部件的点动及复位控制。

（2）动力部件的单机自动循环控制（也称半自动循环控制）。

（3）整机全自动工作循环控制。

如双面粗铣组合机床是在工件两相对表面上进行铣削的一种高效自动化专用加工设备，可用于对铸件、钢件及有色金属件的大平面铣削，一般用于箱体类零件的生产线上。两个动力滑台相对安装在底座上，左、右铣削动力头固定在滑台上，中间的铣削工作台实现进给，再配以各种夹具和刀具，即可进行平面铣削加工。

双面粗铣组合机床的控制过程是典型的顺序控制，铣削工作台及左、右动力滑台的液压传动系统工作加工时，先将工件装入夹具夹紧后，按下启动按钮，机床工作的自动循环过程开始。首先，左、右铣削头同时快进，此时刀具电动机也启动工作，至行程终端停下；接着，铣削工作台快进、工进；铣削完毕后，左、右铣削头快速退回原位，同时刀具电动机也停止运转；最后，铣削工作台快速退回原位，夹具松开并取出工件，一次加工循环结束。

五、起重机电气控制系统简介

起重机是一种以间歇、重复工作方式，通过起重吊钩或其他吊具起升、下降或升降与运移重物的机械设备。起重机品种很多，按其构造分为桥架型起重机（如桥式起重机、门式起重机等）、缆索型起重机（如门式缆索起重机、缆索起重机等）和臂架型起重机（如塔式起重机、铁路起重机等）三大类型。其中桥式起重机具有结构简单、操作灵活、维修方便、起重量大和不占用地面作业面积等特点，是各类大、中型企业中应用最为广泛的起重设备之一。在此分析吊钩桥式起重机电气控制系统的工作原理及特点。

（一）起重机的结构与运动

桥式起重机通常也称为“行车”，一般用于车间内部或露天场地的装卸及起重运输工作。桥式起重机一般由桥架（又称大车）、大车移行机构、小车、装在小车上的提升机构、驾驶室、起重机总电源导电装置（主滑线）和小车导电装置（辅助滑线）等几部分组成。

（1）桥架：桥架又称大车，由两根主梁、两根端梁及走台和护栏等零部件组成，是起重机的基本构件。主梁跨架在车间的上空，其两端连有端梁，组成箱形或桁架式桥架。

在主梁外侧设有行走台，并附有安全栏杆。主梁一端的下方装有驾驶室，在驾驶室一侧的走台上有大车移行机构，使大车可沿车间长度方向的导轨移动；另一侧走台上装有向小车电气设备供电的辅助滑线。主梁上方铺有导轨以供小车在其上沿车间宽度方向移动。

（2）大车移行机构：大车移行机构的作用是驱动大车的车轮转动，并使车轮沿着起重机轨道做水平方向的运动。它包括大车拖动电动机、制动器、减速器、联轴器、传动轴、角型轴承箱和车轮等零部件。大车驱动方式有集中驱动和分别驱动两种，集中驱动是由一台电动机经减速器驱动大车两个主动轮同时移动；分别驱动是由两台电动机分别经减速器驱动大车的两个主动轮转动。由于分别驱动自重轻、机动灵活、安装调试方便，在新型桥式起重机上一般多采用此驱动方式，但要注意选用同型号的两台电动机和同一控制器，以保证大车的两个主动轮同步移动。

（3）小车：小车又称“跑车”，安装在桥架导轨上，可沿车间宽度方向移动。主要由小车架、小车移行机构、提升机构等零部件组成。小车架多数是由钢板焊接而成，上面装有小车移行机构、提升机构、栏杆及提升限位开关等。在小车运动方向两端还装有缓冲器、限位开关等安全保护装置。

小车移行机构由小车电动机、制动器、联轴器、减速器及车轮等组成。小车电动机经减速器驱动小车主动轮，使小车沿主梁上的轨道做横向移动。由于小车主动轮相距较近，一般由一台电动机驱动。

（4）提升机构：提升机构是用来升降重物的，是起重机的重要组成部分。当吊钩桥式起重机的起重量大于 15t 时，一般都设有两套提升机构，即主提升机构（主钩）与副提升机构（副钩）。两者的起重量不同，提升速度也不同。主提升机构的提升速度慢，副提升机构的提升速度快，但其基本结构是一样的。桥式起重机都采用电动机提升机构，由提升电动机、减速器、制动器、卷筒、定滑轮和钢丝绳等零部件组成。

提升电动机经联轴器、制动轮与减速器连接，减速器的输出轴与卷筒相连接。卷筒上缠绕钢丝绳，钢丝绳的另一端装有吊钩。当卷筒转动时，吊钩就随钢丝绳在卷筒上缠绕或放开，从而对重物进行提升或下放。

（5）驾驶室：驾驶室又称操纵室或吊舱，是起重机操作者工作的地方。里面设有操纵起重机的设备（大车、小车、主钩、副钩的控制器或制动器踏板）、起重机的保护装置和照明设备。

驾驶室一般固定在主梁的一端，也有装在小车下方随小车移动的。驾驶室上方开有通向走台的舱口，供检修人员上下用。梯口和舱口都设有电气安全开关，并与保护盘互锁。只有梯口和舱口都关闭好以后，起重机才能开动。这样可避免车上有人工作或人还没完全进入驾驶室时就开车，造成人身事故。

由上述分析可知，桥式起重机的运动方式有三种，即大车在车间长度方向的前后运动、小车在车间宽度方向的左右运动、重物在吊钩上的上下运动。每种运动都要求有极限位置保护。这样起重机可将重物移至车间任一位置，完成起重运输任务。

（二）电力拖动特点与控制要求

桥式起重机由交流电源供电，由于起重机必须经常移动，不能像一般用电设备那样使用固定连接导线，因此要采用可移动的电源设备供电。

对于小型起重机（10t 以下）常采用软电缆供电，当大车在导轨上前后移动或小车沿大车的导轨左右移动时，软电缆可随大、小车的移动而伸展或叠卷。

对于中、大型起重机（10t 以上）常采用滑线和电刷供电，滑线通常采用圆钢、角钢、V 形钢或工字钢等刚性导体制成。三相交流电源接到沿着车间长度方向敷设的三根主滑线上（涂有黄、绿、红三色），再通过电刷将电源引至起重机的电气设备，进入驾驶室中保护盘的总电源开关，然后由总电源开关向起重机各电气设备供电。对于小车及其上的提升机构，由沿桥架敷设的辅助滑线来供电。

由于桥式起重机安装在车间的上部，有的还露天安装，工作条件通常比较差，常常受到烟尘、潮湿空气、日晒、雨淋和夜露等影响。同时还经常出于频繁启动、制动、正反转状态要承受较大的过载和机械冲击。为提高生产效率和可靠性，对桥式起重机的电力拖动和电气控制有以下要求：

（1）起重电动机的要求：桥式起重机的电力拖动系统由 3 ~ 5 台电动机组成。小车驱动电动机 1 台，大车驱动电动机 1 台或 2 台（大车如果采用集中驱动，则只有 1 台大车电动机，如果采用分别驱动，则由 2 台相同的电动机分别驱动左、右两边的主动轮）；起重电动机 1 台（单钩）或 2 台（双钩）。①起重电动机为重复短时工作制，要求电动机有较强的过载能力。②起重电动机往往带负载启动，要求启动转矩大，启动电流小。③起重机的负载属于恒转矩负载，对重物停放的准确性要求较高，在起吊和下降重物时要进行调速。由于起重机的调速大多数在运行过程中进行，而且变换次数较多，所以应采用电气调速。④为适应较恶劣的工作环境和机械冲击，起重电动机应采用封闭式，要求有坚固的机械结构和较高的耐热绝缘等级。

综合以上要求，我国专门设计了起重用交流异步电动机，型号为 YZR（绕线转子异步电动机）和 YZ（笼型异步电动机）系列。这类电动机具有过载能力强、启动性能好、机械强度大和机械特性较软的特点，能够适应起重机工作的要求。

（2）对电气控制的要求：对大车及小车运行机构的要求相对低一些，主要是保证有一定的调速范围和适当的保护，起重机的电气控制要求集中反映在对提升机构的控制上。①空钩时能快速升降，以减少辅助工时；轻载时的提升速度应大于额定负载时的提升速度。②具有一定的调速范围，普通起重机调速范围为 3 ∶ 1，要求高的地方则达到 5 ∶ 1 ~ 10 ∶ 1。③在提升之初或重物接近预定位置附近时，都需要低速运行。因此，要有适当的低速区。要求在 30% 额定速度内分成若干低速挡以供选择。同时要求由高速向低速过渡时应逐级减速以保持稳定运行。④提升第一挡的作用是为了消除传动间隙，并将钢丝绳张紧，一般称为预备挡。这一挡电动机的启动转矩不能过大，一般在额定转矩的一半以下，以避免过大的机械冲击。⑤起重电动机的负载为典型的恒转矩型，因此要求下放重物时起重电动机可工作在电动、倒拉反接制动、再生发电制动等工作状态下，以满足对不同下降速度的要求。⑥为确保安全，起重机采用机械抱闸断电制动方式，以防止因突然断电而使重物自由下落造成事故。同时还要具备电气制动方式，以减小机械抱闸的磨损。

除以上要求外，桥式起重机还要求有完善的电气保护与连锁环节。如要有短时过载的保护措施，由于热继电器的热惯性较大，因此起重机电路多采用过流继电器做过载保护；要有零压保护；在各个运行方向上，除向下运动以外，其余方向都要有行程终端限位保护等。

目前，桥式起重机的控制设备已经系列化、标准化。根据驱动电动机容量的大小，常用的控制方法有两种。一种是用凸轮控制器直接控制所有驱动电动机的动作，这种控制方式由于受到控制器触点容量的限制，只适用于小容量起重电动机的控制；另一种是采用主令控制器配合磁力控制盘控制主卷扬电动机，而大车、小车移行机构和副提升机构则采用凸轮控制器控制，这种控制方式主要用于中型以上桥式起重机。

六、数控机床控制系统简介

（一）概述

数字控制技术是用数字信息对某一对象的机械运动和工作过程进行自动控制的技术，是现代化生产中发展迅速的高新技术。采用数控技术的机床称为数控机床。数控机床是一种装了程序控制系统的机床。此处的程序控制系统即数控系统，现代数控系统主要为计算机数控系统，即系统。

自美国麻省理工学院为解决飞机制造商帕森斯公司加工直升机螺旋桨叶片轮廓样板曲线的难题，研制成功第一台具有信息存储和处理功能的立式数控三坐标铣床以来，数控机床在品种、数量、质量和性能方面均得到迅速发展，数控技术不仅应用于车、铣、镗、磨、线切割、电火花、锻压和激光等数控机床，而且应用于配备自动换刀的加工中心，带有自动检测、工况自动监控及自动交换工件的柔性制造单元已用于生产。高速化、高精度化、高可靠性、高柔性化、高一体化、网络化和智能化是现代数控机床的发展趋势。

数控机床与普通机床、专用机床相比，具有加工精度高、生产效率高、自动化程度高等优点，主要适合复杂、精密、小批多变的零件加工。数控机床是典型的机电一体化产品，是集机床、计算机、电动机拖动、自动控制、检测等技术为一体的自动化设备。一般由输入 / 输出设备、计算机数控装置、伺服单元、驱动装置、可编程控制器、检测装置、电气控制装置、机床本体及辅助装置等部分组成。

（1）输入 / 输出设备：数控机床在加工过程中，必须接收由操作人员输入的零件加工程序，才能加工出所需的零件。同时数控装置还要为操作人员显示必要的信息，例如坐标值、切削方向、报警信号等。另外，输入的程序并非全部正确，有时需要编辑、修改或调试。上述这些工作都属于机床数控系统和操作人员进行信息交流的过程，由输入 / 输出设备来实现。

输入/输出设备有多种形式，现常用的是键盘和显示器。操作人员一般利用键盘输入、编辑、修改程序及发送操作指令，即进行手工数据输入，显然，键盘是 MDI 主要的输入设备。显示器为操作人员提供程序编辑或机床加工等必要的信息，简单的显示器只有若干个数码管，因此显示的信息有限。较高级的系统常常配有 CRT 显示器或液晶显示器，这样就能显示字符、加工轨迹及图形等更丰富的信息。数控机床早期的输入装置还有穿孔纸带、穿孔卡、磁带、磁盘等，随着 CAD/CAM 技术的发展，有些数控机床利用 CAD/CAM 软件先在计算机上编程，然后通过计算机与数控系统进行通信，将程序和数据直接传送给数控装置。

（2）计算机数控装置：CNC 装置是数控机床的核心，由硬件和软件两部分组成。其基本功能是：接收输入装置送来的加工程序，进行译码和寄存，然后根据加工程序所指定的零件形状，计算出刀具中心的运动轨迹，并按照程序指定的进给速度，求出每个插补周期内刀具应移动的距离，在每个时间段结束前，把下一个时间段内刀具应移动的距离送给伺服单元。

（3）伺服驱动系统：伺服驱动系统包含主轴伺服驱动和进给伺服驱动，由伺服单元和驱动装置组成，它是联系数控系统和机床本体之间的电气环节。当数控系统发出的指令信号与位置反馈信号比较后，形成位移指令，该指令由伺服单元接收，经过变换和放大，再通过驱动装置将其转换成相应坐标轴的进给运动和精确定位运动。作为数控机床的执行机构，目前，伺服驱动系统中常用的执行部件有步进电动机、直流伺服电动机以及交流伺服电动机。

（4）数控机床电气逻辑控制装置：数控系统除了位置控制功能外，还具有主轴起停、换向、冷却液开关等辅助控制功能，这部分功能由可编程控制器和电气控制装置来实现。

在数控机床中，CNC 系统主要负责完成与数字运算和管理有关的功能，如编辑加工程序、译码、插补运算、位置伺服控制等；而 PLC 和电气控制装置则负责完成与逻辑开关量控制有关的各种动作，如接收零件加工程序中的 M 代码（辅助功能）、S 代码（主轴转速）、T 代码（选刀、换刀）等顺序动作信息，对其进行译码后转换成相应的控制信号，控制辅助装置完成机床的一系列开关动作，诸如工件的夹紧与放松、刀具的选择与更换、冷却液的开和关、分度工作台的转位和锁紧等。

PLC 接收来自操作面板和数控系统的指令，一方面通过接口电路直接控制机床动作，另一方面通过伺服驱动系统控制主轴电动机的转动，并可将部分指令送往 CNC 用于加工过程的控制。

（5）位置检测装置：位置检测装置主要用来检测工作台的实际位移或丝杠的实际转角，通常安装在机床工作台上或丝杠上，它与伺服驱动系统配合可组成半闭环或闭环伺服驱动系统。在闭环控制系统中，位置检测装置将工作台的实际位移或丝杠的实际转角转换成电信号，并反馈到数控装置，由数控装置计算出实际位置和指令位置之间的差值，并根据这个差值的大小和方向去控制执行部件的进给运动，使之朝着减小误差的方向移动。因此，位置检测装置的精度决定了数控机床的加工精度。

（6）机床本体：机床本体是用于完成各种切削加工的机械部分，包括主运动部件、进给运动部件、床身立柱等支撑部件。数控机床的组成与普通机床相似，但实际使用时由于切削用量大、连续加工发热量大等因素对加工精度会有一定影响，且加工过程属于自动控制，因此数控机床在精度、静刚度、动刚度和热刚度等方面都提出了更高的要求，而传动链则要求尽可能简单。

（7）辅助装置：辅助装置主要包括换刀、夹紧、润滑、冷却、排屑、防护和照明等一系列装置，它的作用是保证安全、方便地使用数控机床，使功能充分发挥。

由上述可知，数控机床在加工时，首先将工件的几何数据和工艺数据根据规定的代码和格式编制成数控加工程序，并采用适当的方法将程序输入数控系统。然后数控系统对输入的加工程序进行数据处理，输出各种信息和指令，控制机床执行部件进行有序的动作。可见，数控机床的运行就是在数控系统的控制下，处于不断的计算、输出、反馈等控制过程中，从而保证刀具和工件之间相对位置的准确性。

（二）计算机数控（CNC，Computer Numerical Control）系统

CNC 系统是数控机床的核心部分，其主要任务是控制机床的运动，完成各种零件的自动加工。在进行零件加工时，CNC 装置首先接收数字化的零件图样和工艺要求等信息，再进行译码和预处理，然后按照一定的数学模型进行插补运算，用运算结果实时地对机床的各运动坐标进行速度和位置控制。

CNC 系统由硬件和软件组成，是一种采用存储程序的专用计算机，计算机

通过运行存储器内的程序，使数控机床按照操作者的要求，有条不紊地进行加工，实现对机床的数字控制功能。

（1）CNC 装置的硬件结构：CNC 装置不仅具有一般微型计算机的基本硬件结构，如微处理器（CPU）、总线、存储器和 I/O 接口等；而且还具有完成数控机床特有功能所需的功能模块和接口单元，如手动数据输入（MDI）接口、PLC 接口和纸带阅读机接口等。

（2）CNC 装置的软件：CNC 装置在上述硬件的基础上，还必须配合相应的系统软件来指挥和协调硬件的工作，二者缺一不可。CNC 装置的软件是实现部分或全部数控功能的专用系统软件，CNC 装置由管理软件和控制软件两部分组成。其中管理软件主要为某个系统建立一个软件环境，协调各软件模块之间的关系，并处理一些实时性不太强的软件功能，如数控加工程序的输入 / 输出及其管理、人机对话显示及诊断等；控制软件的作用是根据用户编制的加工程序，控制机床运行，主要完成系统中一些实时性要求较高的关键控制功能，如译码、刀具补偿、插补运算和位置控制等。

（3）CNC 装置的工作过程：CNC 装置的工作是在硬件环境的支持下执行软件控制功能的全过程，对于一个通用数控系统来讲，一般要完成以下工作。

①零件程序的输入：数控机床自动加工零件时，首先将反映零件加工轨迹、尺寸、工艺参数及辅助功能等各种信息的零件程序、控制参数和补偿量等指令和数据输入数控系统。通常 CNC 装置的输入方式有键盘输入、阅读机输入、磁盘输入、通信接口输入以及连接上一级计算机的分布式数字控制（DNC）接口输入等。然后 CNC 装置将输入的全部信息都存储在 CNC 装置的内部存储器中，以便加工时将程序调出运行。在输入过程中 CNC 装置还需完成代码校检、代码转换和无效码删除等工作。②译码处理：输入 CNC 装置内部的信息接下来由译码程序进行译码处理。它是将零件程序以一个程序段为单位进行处理，把其中的零件轮廓信息（如起点、终点、直线、圆弧等）、加工速度信息（F 代码）以及辅助功能信息（M、S、T 代码等），按照一定的语法规则翻译成计算机能够识别的数据，存放在指定的内存专用区间。CNC 装置在译码过程中，还要对程序段的语法进行检查，若发现语法错误，立即报警。③数据处理：数据处理即进行预计算，就是将经过译码处理后存放在指定存储空间的数据进行处理。主要包括刀具补偿（刀具长度补偿、刀具半径补偿）、进给速度处理、反向间隙补偿、丝杠螺

距补偿和机床辅助功能处理等。④插补运算：插补是数控系统中最重要的计算工作之一，是在已知起点、终点、曲线类型和走向的运动轨迹上实现“数据点密化”，即计算出运动轨迹所要经过的中间点坐标。插补计算结果传送到伺服驱动系统，以控制机床坐标轴做相应的移动，使刀具按指定的路线加工出所需要的零件。⑤位置控制：位置控制的主要作用是在每个采样周期内，将插补计算的指令位置与实际反馈位置相比较，用其差值去控制伺服电动机，进而控制机床工作台或刀具的位移。在位置控制中，通常还应完成位置回路的增益调整、各坐标方向的螺距误差补偿和反向间隙补偿，以提高数控机床的定位精度。⑥ I/O 处理：I/O 处理主要是对 CNC 装置与机床之间来往信息进行输入、输出和控制的处理。它可实现辅助功能控制信号的传递与转换，如实现主轴变速、换刀、冷却液的开停等强电控制，也可接收机床上的行程开关、按钮等各种输入信号，经接口电路变换电平后送到 CPU 处理。⑦显示：CNC 装置的显示主要是为操作者了解机床的状态提供方便，通常有零件加工程序显示、各种参数显示、刀具位置显示、动态加工轨迹显示、机床状态显示和报警显示等。⑧诊断：CNC 装置利用内部自诊断程序对机床各部件的运行状态进行故障诊断，并对故障加以提示。诊断不仅可防止故障的发生或扩大，而一旦出现故障，又可帮用户迅速查明故障的类型与部位，减少故障停机时间。

（三）伺服控制系统

数控机床伺服控制系统是以机床移动部件的位置和速度为被控制量的自动控制系统，它包括进给伺服系统和主轴伺服系统。其中进给伺服系统是控制机床坐标轴的切削进给运动，以直线运动为主；主轴伺服系统是控制主轴的切削运动，以旋转运动为主。如果说 CNC 装置是数控机床发布命令的“大脑”，伺服驱动系统则为数控机床的“四肢”，因此是执行机构。作为数控机床重要的组成部分，伺服系统的动态和静态性能是影响数控机床加工精度、表面质量、可靠性和生产效率等的重要因素。

在数控机床上，进给伺服驱动系统接收来自 CNC 装置经插补运算后生成的进给脉冲指令，经过一定的信号变换及电压、功率放大，驱动各加工坐标轴运动。这些轴有的带动工作台，有的带动刀架，几个坐标轴综合联动，便可使刀具相对于工件产生各种复杂的机械运动，直至加工出所要求的零件。当要求数控机床有螺纹加工、准停控制和恒线速加工等功能时，就对主轴提出了相应的位置控制要求，此时主轴驱动控制系统可称为主轴伺服系。通常数控机床伺服系统是指进给伺服系统，它是连接 CNC 装置和机床机械传动部件的环节，包含机械传动、电气驱动、检测、自动控制等方面的内容。

1. 伺服系统的组成

数控机床伺服系统一般包含驱动电路、执行元件、传动机构、检测元件及反馈电路等部分。

（1）驱动电路：驱动电路的主要功能是控制信号类型的转变和进行功率放大。当它接收到 CNC 装置发出的指令（数字信号）后，将指令信号转换成电压信号（模拟信号），经过功率放大后，驱动电动机旋转。电动机转速的大小由指令控制，若要实现恒速控制，驱动电路需接收速度反馈信号，将该反馈信号与计算机的输入信号进行比较，用其差值作为控制信号，使电动机保持恒速运转。

（2）执行元件：执行元件的功能是接收驱动电路的控制信号进行转动，以带动数控机床的工作台按一定的轨迹移动，完成工件的加工。常用的有步进电动机机、直流电动机及交流电动机。采用步进电动机时通常是开环控制。

（3）传动机构：传动机构的功能是把执行元件的运动传递给机床工作台。在传递运动的同时也对运动速度进行变换，从而实现速度和转矩的改变。常用的传动机构有减速箱和滚珠丝杠等，若采用直线电动机作为执行元件，则传动机构与执行元件为一体。

（4）检测元件及反馈电路：在伺服系统中一般包括位置反馈和速度反馈。实际加工时，由于各种干扰的影响，工作台并不一定能准确地定位到 CNC 指令所规定的目标位置。为了克服这种误差，需要检测元件检测出工作台的实际位置，并由反馈电路传给 CNC 装置，然后 CNC 装置发送指令进行校正。常用的检测元件有光栅、光电编码器、直线感应同步器和旋转变压器等。用于速度反馈的检测元件一般安装在电动机上；用于位置反馈的检测元件则根据闭环方式的不同或安装在电动机上或安装在机床上。在半闭环控制时，速度反馈和位置反馈的检测元件可共用电动机上的光电编码器，对于全闭环控制则分别采用各自独立的检测元件。

2. 数控机床对伺服系统的要求

数控机床的效率、精度在很大程度上取决于伺服系统性能。因此，数控机床对伺服系统提出了一些基本要求。虽然各种数控机床完成的加工任务不同，对伺服系统的要求也不尽相同，但一般都包括以下几个方面：

（1）可逆运行：加工过程中，根据加工轨迹的要求，机床工作台应随时都可能实现正向或反向运动，并且在方向变化时，不应有反向间隙和运动的损失。

（2）精度高：伺服系统的精度是指输出量能复现输入量的精确程度，数控加工中，对定位精度和轮廓加工精度要求都较高。数控机床伺服系统的定位精度一般要求达到 1μm 甚至 0.1μm，与此相对应，伺服系统的分辨力也应达到相应的要求。分辨力（或称脉冲当量）是指当伺服系统接收 CNC 装置送来的一个脉冲时，工作台相应移动的单位距离。伺服系统的分辨力由系统的稳定工作性能和所采用的位置检测元件决定。目前，闭环伺服系统都能达到 1μm 的分辨力（脉冲当量），而高精度的数控机床可达到 0.1μm 的分辨力，甚至更小。轮廓加工精度则与速度控制、联动坐标的协调一致控制有关。在速度控制中，要求伺服系统有较高的调速精度，具有较强的抗负载扰动能力。

（3）调速范围宽：调速范围是指数控机床要求电动机所能提供的最高转速与最低转速之比。为适应不同的加工条件，数控机床要求伺服系统有足够宽的调速范围和优异的调速特性。对一般数控机床而言，只要进给速度在 0 ~ 24m/min 范围时，都可满足加工要求。

（4）稳定性好：稳定性是指系统在给定的外界干扰作用下，经过短暂的调节过程后，达到新的平衡状态或恢复到原来平衡状态的能力。当伺服系统的负载情况或切削条件发生变化时，进给速度应保持恒定，这要求伺服系统有较强的抗干扰能力。稳定性是保证数控机床正常工作的条件，直接影响数控加工的精度和表面粗糙度。

（5）快速响应：响应速度是伺服系统动态品质的重要指标，它反映了系统的跟随精度。数控加工过程中，为保证轮廓切削形状精度和加工表面粗糙度，位置伺服系统除了要求有较高的定位精度外，还要求跟踪指令信号的响应要快，即有良好的快速响应特性。

（6）低速大转矩：一般机床的切削加工是在低速时进行重切削，所以要求伺服系统在低速进给时驱动要有大的转矩输出，以保证低速切削的正常进行。

（四）伺服系统的分类

（1）按执行机构的控制方式分，有开环伺服系统和闭环伺服系统。①开环伺服系统：开环伺服系统采用步进电动机为驱动元件，只有指令信号的前向控制通道，无位置反馈和速度反馈。运动和定位是靠驱动电路和步进电动机来实现的，步进电动机的工作是实现数字脉冲到角位移的转换，它的旋转速度由进给脉冲的频率决定，转角的大小正比于指令脉冲的个数，转向取决于电动机绕组通电顺序。开环伺服系统结构简单，易于控制，但精度较低，低速时不稳定，高速时转矩小，一般用于中、低档数控机床或普通机床的数控改造上。②闭环伺服系统：闭环伺服系统是在机床工作台（或刀架）上安装一个位置检测装置，该装置可检测出机床工作台（或刀架）实际位移量或者实际所处位置，并将测量值反馈给 CNC 装置，与 CNC 装置发出的指令位移信号进行比较，求得偏差。伺服放大器将差值放大后用来控制伺服电动机，使系统向着减小偏差的方向运行，直到偏差为零，系统停止工作。因此，闭环伺服系统是一个误差控制随动系统。由于闭环伺服系统的反馈信号取自机床工作台（或刀架）的实际位置，所以系统传动链的误差、环内各元件的误差以及运动中造成的误差都可以得到补偿，使得跟随精度和定位精度大大提高。从理论上讲，闭环伺服系统的精度可以达到很高，它的精度只取决于测量装置的制造精度和安装精度。但由于受机械变形、温度变化、振动等因素的影响，系统的稳定性难以调整，且机床运行一段时间后，在机械传动部件的磨损、变形等因素的影响下，系统的稳定性易改变使精度发生变化。因此只有在那些传动部件精密度高、性能稳定、使用过程温差变化不大的大型、精密数控机床上才使用闭环伺服系统。③半闭环伺服系统也是一种闭环伺服系统，只是它的位置检测元件没有直接安装在进给坐标的最终运动部件上，而是在传动链的旋转部位（电动机轴端或丝杠轴端）安装转角检测装置，检测出与工作实际位移最相应的转角，以此作为反馈信号与 CNC 装置发出的指令信号进行比较，求得偏差。半闭环和闭环系统的控制结构是一致的，不同点在于闭环系统环内包括较多的机械传动部件，传动误差均可被补偿，理论上精度可以达到很高，而半闭环伺服系统由于坐标运动的传动链有一部分在位置闭环以外，因此环外的传动误差得不到系统的补偿，这种伺服系统的精度低于闭环系统。但半闭环系统比闭环系统结构简单，造价低且安装、调试方便，故这种系统被广泛用于中小型数控机床上。

（2）按使用的伺服电动机类型分，有直流伺服系统和交流伺服系统。直流伺服系统在数控机床上占主导地位。在进给运动系统中常用的伺服电动机有小惯量直流伺服电动机和永磁直流伺服电动机（也称大惯量宽调速直流伺服电动机）；在主运动系统中常用他励直流伺服电动机。小惯量伺服电动机最大限度地减少了电枢的转动惯量，因此有较好的快速性。在设计时，因其具有高的额定转速、低的转动惯量，所以，实际应用时要经过中间机械传动减速才能与丝杠连接；永磁直流伺服电动机具有良好的调速性能，输出转矩大，能在较大的过载转矩下长时间地工作。并且电动机转子惯量较大，因此能直接与丝杠相连而不需中间传动装置。

直流伺服系统的缺点是电动机有电刷，限制了转速的提高，一般额定转速为1000 ~ 1500r/min，而且结构复杂，价格较高。

交流伺服系统使用交流异步伺服电动机（用于主轴伺服系统）和永磁同步伺服电动机（用于进给伺服系统），由于直流伺服电动机使用机械换向，存在一些固有的缺点，因此使其应用环境受到限制。而交流伺服电动机不存在机械换向的问题，且转子惯量较直流电动机小，使得动态响应好。另外，在同样体积下，交流电动机的输出功率比直流电动机的高，其容量也可以比直流电动机大，这样可达到更高的电压和转速。因此，目前已基本取代了直流伺服系统。

第三节　电气自动化控制系统中的抗干扰

一、提高系统抗电源干扰能力的方法

（一）配电方案中的抗干扰措施

抑制电源干扰首先从配电系统的设计上采取措施。交流稳压器用来保证系统

供电的稳定性，防止电网供电的过压或欠压。但交流稳压器并不能抑制电网的瞬态干扰，一般需要加一级低通滤波器。

高频干扰通过源变压器的初级与次级间的寄生耦合电容窜入系统，因此，在电源变压器的初级线圈和次级线圈间需要加静电屏蔽层，把耦合电容分隔、使耦合电容隔离，断开高频干扰信号，能有效地抑制共模干扰。

电气自动化系统目前使用的直流稳压电源可分为常规线性直流稳压电源和开关稳压电源两种。常规线性直流稳压电源由整流电路、三端稳压器及电容滤波电路组成。开关稳压电源是采用反激变换储能原理而设计的一种抗干扰性能较好的直流稳压电源，开关电源的振荡频率接近 1000kHz，其滤波以高频滤波为主，对尖脉冲有良好的抑制作用。开关电源对来自电网的干扰的抑制能力较强，在工业控制计算机中已被广泛采用。

分立式供电方案就是将组成系统的各模块分别用独立的变压、整流、滤波、稳压电路构成的直流电源供电，这样就减小了集中供电产生的危险性，而且也减少了公共阻抗的相互耦合以及公共电源的相互耦合，提高了供电的可靠性，也有利于电源散热。

另外，交流电的引入线应采用粗导线，直流输出线应采用双绞线，扭绞的螺距要小，并尽可能缩短配线长度。

（二）利用电源监视电路抗电源干扰

在系统配电方案中实施抗干扰措施是必不可少的，但这些措施仍难抵御微秒级的干扰脉冲及瞬态掉电，特别是后者属于恶性干扰，可能产生严重的事故。因此在系统设计时，应根据设计要求采取进一步的保护性措施，电源监视电路的设计是抗电源干扰的一个有效方法。目前，市场提供的电源监视集成电路一般具有如下功能：

（1）监视电源电压瞬时短路、瞬间降压和微秒级干扰脉冲及掉电。

（2）及时输出供 CPU 接收的复位信号及中断信号。

（3）电压在 4.5 ~ 4.8V，外接少量的电阻、电容就可调整监测的灵敏度及响应速度。

（4）电源及信号线能与计算机直接相连。

（三）用 watchdog 抗电源干扰

Watchdog 俗称“看门狗”，是计算机系统普遍采用的抗干扰措施之一。它实质上是一个可由 CPU 监控复位的定时器。Watchdog 可由定时器以及与 CPU 之间适当的 I/O 接口电路构成，如振荡器加上可复位的计数器构成的定时器；各种可编程的定时计数器（Intel8253、8254 的 CTC 等），单片机内部定时 / 计数器等。有些单片机（如 Intel8096 系列）已将 Watchdog 制作在芯片中，使用起来十分方便。如果为了简化硬件电路，也可以用纯软件实现 Watchdog 功能，但可靠性差些。

二、电场与磁场干扰耦合的抑制

（一）电场与磁场干扰耦合的特点

在任何电子系统中，电缆都是不可缺少的传输通道，系统中大部分电磁干扰敏感性问题、电磁干扰发射问题、信号串扰问题等都是由电缆产生的。电缆之所以能够产生各种电磁干扰的同题，主要是因为其有以下几个方面的特性在起作用：

（1）接收特性：根据天线理论，电缆本身就是一条高效率的接收天线，它能够接收到空间的电磁波干扰，并且还能将干扰能量传递给系统中的电子电路或电子设备，造成敏感性的干扰影响。

（2）辐射特性：根据天线理论，电缆本身还是一条高效率的辐射天线。它能够将电子系统中的电磁干扰能量辐射到空间中去，造成辐射发射干扰影响。

（3）寄生特性：在电缆中，导线可以看成是互相平行的，而且互相靠得很紧密。根据电磁理论，导线与导线之间必然蕴藏着大量的寄生电容（分布电容）和寄生电感（分布电感），这些寄生电容和寄生电感是导致串扰的主要原因。

（4）地线电位特性：电缆的屏蔽层（金属保护层）一般情况下是接地的。因此如果电缆所连接设备接地的电位不同，必然会在电缆的屏蔽层中引起地电流的流动。例如，当两个设备的接地线电位不同时，这两个设备之间便会产生电位差，在这个电位差的驱动下，必然会在电缆屏蔽层中产生电流。由于屏蔽层与内部导线之间有寄生电容和寄生电感的存在，因此屏蔽层上流动着的电流完全可以在内部导线上感应出相应的电压和电流。如果电缆的内部导线是完全平行的，感应出的电压或电流大小相等、方向相反，在电路的输入端互相抵消，不会出现干扰电压或干扰电流。但是，实际上电缆中的导线并不是绝对平行的，而且所连接的电路通常也都不是平衡的，这样就会在电路的输入端产生干扰电压或干扰电流。这种因地线电位不一致所产生的干扰现象，在较大的系统中是常见的。

（二）电场与磁场干扰耦合的抑制

（1）电场干扰耦合等效电路分析：电场干扰耦合又称为容性干扰耦合。我们知道平行导线间存在电场（容性）干扰耦合，利用电路理论可以分析电场干扰耦合的一些特点。在这里主要讨论电场干扰耦合的抑制问题。为了能比较清楚地说明问题，仍然采用两平行导线结构。在讨论中，假设只对干扰源回路采取屏蔽措施，而干扰敏感体回路未采取屏蔽措施，可以看出，干扰源回路对干扰敏感体回路的电场耦合可分为两部分，一部分是干扰源回路导线对屏蔽层之间的耦合电容，另一部分是干扰源回路屏蔽层对地的耦合电容。

（2）屏蔽层本身阻抗特性的影响：在上面的分析中，没有考虑到屏蔽层本身阻抗特性的影响。屏蔽层阻抗是沿着屏蔽层纵向分布的，只有在频率较低或屏蔽层纵向长度远远小于传输信号波长的 1/16 时，才能忽略屏蔽层本身阻抗特性的影响，在低频或屏蔽层纵向长度不长时，采用单点接地技术较为适合。

当信号频率很高或屏蔽层纵向长度接近或大于传输信号波长的 1/6 时，屏蔽层本身的纵向阻抗特性就不能被忽略。如果这时屏蔽层仍然采用单点接地技术，那么单点接地将迫使干扰耦合电流流过较长距离后才能入地，结果使干扰电流在屏蔽层纵向方向上会产生电压降，形成屏蔽层在纵向方向上的各点电位不相同，这样不仅影响了屏蔽效果，而且由于各点电位不相同还会产生新的附加干扰耦合。为了使屏蔽层在纵向方向上尽可能地保持等电位，当频率较高或屏蔽层纵向较长时，应在每间隔 1/16 信号波长的距离处接地一次。

在接地技术实施过程中，应注意每一个细节问题，否则会留下难以处理的后患。在这里要特别注意一个非常容易被忽视的接地技术问题。在实际的接地施工中，常常是将屏蔽层与被屏蔽的导线分开后，再将屏蔽层接地，屏蔽层与被屏蔽的导线分开，屏蔽层被扭绞成一个辫子形状的粗导线后再接地，就是这个辫子形状的粗导线很容易产生寄生（分布）电感，寄生电感对屏蔽层的屏蔽性能有着极为不利的影响，这种影响称为“猪尾”效应。

三、过程通道干扰措施

抑制传输线上的干扰，主要措施有光电隔离、双绞线传输、阻抗匹配以及合理布线等。

（一）光电隔离的长线浮置措施

利用光电耦合器的电流传输特性，在长线传输时可以将模块间两个光电耦合器件用连线“浮置”起来。这种方法不仅有效地消除了各电气功能模块间的电流流经公共地线时所产生的噪声电压互相干扰，而且有效地解决了长线驱动和阻抗匹配问题。

（二）双绞线传输措施

在长线传输中，双绞线是较常用的一种传输线，与同轴电缆相比，虽然频带较窄，但阻抗高，降低了共模干扰。由双绞线构成的各个环路，改变了线间电磁感应的方向，使其相互抵消，因此对电磁场的干扰有一定的抑制效果。

在数字信号的长线传输中，根据传输距离不间，双绞线使用方法也不同。当传输距离在 5m 以下时，收发两端应设计负载电阻，若发射侧为 OC 门输出，接收侧采用施密特触发器能提高抗干扰能力。

对于远距离传输或传输途经强噪声区域时，可选用平衡输出的驱动器和平衡接收的接收器集成电路芯片，收发信号两端都有无源电阻。选用的双绞线也应进行阻抗匹配。

（三）长线的电流传输

长线传输时，用电流传输代替电压传输，可获得较好的抗干扰能力。例如，以传感器直接输出 0 ~ 10mA 电流在长线上传输，在接收端可并上 500Ω（或 1kΩ）的精密金属膜电阻，将此电流转换为 0 ~ 5V（或 0 ~ 10V）电压，然后送入 A/D 转换通道。

（四）传输线的合理布局

（1）强电馈线必须单独走线，不能与信号线混扎在一起。

（2）强信号线与弱信号线应尽量避免平行走线，在有条件的场合下，应努力使二者正交。

（3）强、弱信号平行走线时，线间距离应为干扰线内径的40倍。

参考文献

[1] [美] 玛丽莎 · L. 克劳著；徐政译 . 电力系统分析中的计算方法（原书第 2 版）[M]. 北京：机械工业出版社，2018.

[2] 任思璟 . 电力系统分析 [M]. 长春：吉林大学出版社，2016.

[3] 刘天琪，李华强 . 电力系统安全稳定分析与控制 [M]. 成都：四川大学出版社，2020.

[4] 赵仲民 . 电力系统与分析研究 [M]. 成都：电子科技大学出版社，2017.

[5] 丘文千 . 电力系统优化规划模型与方法 [M]. 杭州：浙江大学出版社，2019.

[6] 刘小保 . 电气工程与电力系统自动控制 [M]. 延吉：延边大学出版社，2018.

[7] 许明清 . 电气工程及其自动化实验教程 [M]. 北京：北京理工大学出版社，2019.

[8] 连晗 . 电气自动化控制技术研究 [M]. 长春：吉林科学技术出版社，2019.

[9] 吴敏 . 电气自动化系统安装与调试 [M]. 南京：江苏凤凰教育出版社，2020.

[10] 朱煜钰 . 电气自动化控制方式的研究 [M]. 咸阳：西北农林科技大学出版社，2018.

[11] 徐炜君，徐春梅 . 电气控制与 PLC 技术（第 2 版）[M]. 武汉：华中科技大学出版社，2018.

[12] 易辉，孔晓光，王凯东 . 电气自动化基础理论与实践 [M]. 长春：吉林大

学出版社，2018.

[13] 熊丽萍 . 电气自动化技术及其应用研究 [M]. 长春：吉林科学技术出版社，2018.

[14] 党晓圆 . 电气自动化控制系统应用 [M]. 延吉：延边大学出版社，2017.